Unity 和 C#游戏编程入门
(第 5 版)

[美] 哈里森·费隆(Harrison Ferrone)　著

王　冬　殷崇英　　　　　　译

清华大学出版社

北　京

北京市版权局著作权合同登记号　图字：01-2021-6894

Copyright Packt Publishing 2020. First published in the English language under the title Learning C# by Developing Games with Unity 2020: An enjoyable and intuitive approach to getting started with C# programming and Unity, Fifth Edition-(9781800207806).

图书在版编目(CIP)数据

Unity和C#游戏编程入门：第5版 / (美) 哈里森·费隆(Harrison Ferrone) 著；王冬，殷崇英译. —北京：清华大学出版社，2022.3（2023.1重印）

书名原文：Learning C# by Developing Games with Unity 2020: an Enjoyable and Intuitive Approach to Getting Started with C# Programming and Unity, Fifth Edition

ISBN 978-7-302-60210-1

Ⅰ. ①U… Ⅱ. ①哈… ②王… ③殷… Ⅲ. ①游戏程序—程序设计 Ⅳ. ①TP311.5

中国版本图书馆 CIP 数据核字(2022)第 033308 号

责任编辑：王　军
装帧设计：孔祥峰
责任校对：成凤进
责任印制：朱雨萌

出版发行：清华大学出版社
　　　　　网　　　址：http://www.tup.com.cn，http://www.wqbook.com
　　　　　地　　　址：北京清华大学学研大厦 A 座　　　邮　　编：100084
　　　　　社 总 机：010-83470000　　　　　　　　邮　　购：010-62786544
　　　　　投稿与读者服务：010-62776969，c-service@tup.tsinghua.edu.cn
　　　　　质 量 反 馈：010-62772015，zhiliang@tup.tsinghua.edu.cn
印 装 者：三河市东方印刷有限公司
经　　销：全国新华书店
开　　本：148mm×210mm　　　**印　　张**：10.625　　　**字　　数**：339 千字
版　　次：2022 年 4 月第 1 版　　　**印　　次**：2023 年 1 月第 4 次印刷
定　　价：59.80 元

产品编号：091908-01

推　荐　一

　　游戏被很多人称为"第九艺术"，近年来更与传统的文学、音乐、建筑、雕塑、绘画、舞蹈、电影和戏剧这"八大艺术"开始并驾齐驱。

　　游戏之所以变得越来越受欢迎，我觉得与其丰富的体验方式和内容形式息息相关。我们不仅可以在手机的方寸之间畅游《原神》这样的二次元开放式大世界，也可以在配备了高性能显卡的主机设备上(如 Xbox 和 PlayStation)，使用附带力反馈功能的手柄体验与游戏世界中超写实类角色的深入互动，更可以戴上 VR 头盔感受真正的沉浸式 3D 互动体验。

　　而要做出好的游戏，游戏引擎是核心开发工具之一。Unity 作为目前世界范围内市场占有率第一的游戏引擎，经过十几年的快速发展，我们已经可以使用它为将近 30 个计算平台开发互动式内容。无论你是开发 2D、3D，还是 VR/AR/MR 互动式内容，Unity 都可以提供完整的开发工具链。近些年来，这些内容已经超出游戏的领域，进入影视动画、汽车制造、建筑建造这些非游戏领域。

　　因为游戏本质上是实时渲染出来的互动式内容，所以游戏的一个基本功能是可以接受玩家的输入信息(来自鼠标、键盘、手柄等)，并对其进行处理，然后实时生成相关的内容。因此对于游戏开发人员来说，使用编程语言开发相关的游戏逻辑就是其中必不可少的一环。

　　本书使用通俗易懂的语言，深入浅出地为想要使用 Unity 开发互动式内容(不仅仅是游戏)的同学，提供了非常系统性的学习资料。配合书中的实例项目，一步一个脚印，按部就班地学习，相信大家很快可以掌握在 Unity 中使用 C#编程语言的基础知识，开始自己的游戏开发之旅！

杨栋

Unity 大中华区平台技术总监

《创造高清 3D 虚拟世界：Unity 引擎 HDRP 高清渲染管线实战》作者

推 荐 二

随着新一代信息技术的日新月异，以数字化、网络化、智能化、虚拟化为特征的信息化浪潮已经蔚然兴起，人们对信息内容的生产、传播和消费也从传统的单一渠道、单一媒介、单一体验升级为对多元、多维、多态的全域融合媒体的新需求。数字游戏兼具了感官刺激与交互性，和极佳的内容叙事能力，已成为当前最受欢迎、最具影响力的数字内容表达与传播形式之一；虚拟现实、增强现实、混合现实等人机交互技术更是为用户提供了虚实融合、沉浸全息的极致体验，进一步拉近了用户与内容的距离；以"万物智联"、"虚实互映"为目标，数字孪生技术通过构建智慧工业、智慧城市、智慧校园等方式，加快了政治、经济、生产、教育、文旅、传媒等各领域数字产业化和产业数字化的进程——而所有这一切，组成了今天备受人们关注和热议的元宇宙领域的重要基石。

与由短视频、自媒体的兴起会带来影视编辑学习门槛的降低，进而引领大众学习并参与内容生产一样，数字内容的消费升级也亟需低门槛、高效率、开放式的工具，使得万千大众能够积极参与数字内容的创作与开发，同时也为创意工作者、独立开发者以及中大型工作室提供更便利、更强大、更丰富的创作和开发环境，而 Unity 便是当前领域中最受欢迎、最热门、最广受好评的引擎之一。

人工智能技术的快速发展与广泛应用，要求当代人应具备基本的编程能力和算法思维，以满足对未来智能社会的基本认知和信息素养。C#语言作为一种面向对象、类型安全、表达自然的编程语言，同时也作为 Unity 的脚本语言，是零基础初学者学习编程的绝佳选择，也便于已具备 C、C++、Java 和 JavaScript 经验的成熟编程者快速上手 Unity 的脚本编写。

本书从学习者的视角出发，将以往同类教材中晦涩难懂的概念与日常生活中的事物结合起来，用通俗平实的语言循序渐进地将编程的相关知识点娓娓道来，并通过案例实践的方式，与学习者一起制作游戏来达到学习Unity 的目的，是一本适合各专业背景的学习者和数字内容创作爱好者学习与了解 Unity 游戏开发与 C#编程的入门教材和工具书。

曹三省 教授
中国传媒大学媒体融合与传播国家重点实验室党政班子成员
协同创新中心副主任、互联网信息研究院副院长
中国电子学会虚拟现实分会副主任委员

推 荐 三

　　首先非常感谢两位老师为本书的翻译付出的辛劳，很荣幸我能够有机会提前看到这本书，内容真的非常棒。本书充分地结合了 Unity 来讲解 C# 的知识体系。相比单纯的 C#教学来说，更实用也更有意思！书中非常全面地介绍了 Unity 游戏开发过程中，大家几乎一定会用到的 C#知识，并使用通俗易懂的方式来讲解原理和实际运用。对于我个人来说，在我的 Unity 项目中常常会运用很多 C#内容，但往往我只是停留在会用的程度，缺乏对其定义，或者说对其背后的基本原理和概念进行透彻的理解。这本书能够帮助我更全面地了解这些内容。特别值得一提的是，本书中的每一个关键知识点，除了结合了非常棒的案例以外，也有很多需要特别"注意"的提醒！书中还包括很多 C#技术文档的链接，可以帮助想要更深入学习知识的朋友快速定位到需要查阅的内容。事实上，本书更像一本参考书或字典，弥补了很多平时会被忽略的小技巧和知识点。想要在 Unity 开发过程中学习 C#，看这本书就足够了！

　　当然，这本书除了 C#语言的介绍讲解以外，也涵盖了对几乎所有 Unity 常用主要功能的介绍，组件的使用方法等等。如果全部认真看完并且自己动手完成操作的话，那么你与做出一个小游戏 Demo 就只差一套美术素材的距离了：)

　　总之，这本书让我收获很多。只有打好基础才能发挥更多创意。本书也是我看过的唯一一本讲解 C#的书，推荐给所有刚刚上手 Unity 或已经可以做一些小 Demo 的朋友来阅读学习，相信你一定会跟我一样收获良多。

Michael Wang

bilibili 知名 UP 主：M_Studio

2022 年度 Unity 最具社区影响人物

推 荐 四

社区里面经常会被问到：Unity 学习过程中需要了解哪些知识？这是一个很好的问题，也是一个很难回答的问题。幸运的是，本书很好地回答了这个问题。本书从 C#开始，涵盖到 Unity 常用模块的使用，能够很好地帮助有兴趣的开发者深入浅出，系统性地学习 Unity。祝您开卷有益。

Unity 大中华区资深技术经理

高川

推荐五

　　从虚拟社区到游戏、元宇宙概念，虚拟体验实现了人们超越现实的想象，而 3D 引擎是链接虚拟体验的重要工具。这是一本非常好的入门教材，当你有一定的程序基础后，基于一个通用成熟的商业引擎，可以让你快速地了解 3D 游戏世界的基础结构搭建，从校门走向行业，将兴趣变成现实，帮助你完成自我的学习和实践。国内关于游戏的书籍一直非常少，更多的内容仅存在于行业内的交流。感谢分享经验和辛勤翻译的同学，让更多人有机会加入到创造全新世界体验中来。

徐振华

苏州游戏蜗牛　九阴工作室负责人

推荐六

　　游戏、互动式电影、扩展现实等一直深受青年一代喜爱，尤其在当今全面数字化的时代中，正逐渐成为文化创意、国际文化交流、文化遗产保护等众多领域最重要的信息载体和有效传播手段之一。Unity 使用 C#作为脚本编程语言，是青年人初次接触和尝试数字创意与开发的首选。本书条理清晰，语言表达通俗易懂，真正面向零起点学习者，且对美术、艺术等非计算机相关专业背景的读者也非常友好。通过对本书的学习，读者既能掌握 Unity 的基本使用和操作技巧，同时也能掌握和理解 C#编程基础以及通用的编程理论知识。

王科

大连外国语大学创新创业学院院长、

软件学院院长、大数据产业学院院长

译 者 序

随着游戏、影视动画、扩展现实、数字孪生乃至元宇宙等相关技术及其应用的发展，世人对优质的视听、人机交互、虚拟仿真等相关需求愈加旺盛，数字内容的种类与形式也越发广泛和丰富，越来越多来自不同领域与专业的创意人员参与创作和开发。这便需要一种简单、快捷、高效的工具与工作流来满足不同领域内容创作者与开发者的需求，Unity 便是其中流行与优质并存的选择之一。

在 Unity 与 C#教学过程中，我们发觉现有教材或教程大多延续了传统计算机语言的语言范式和内容编排模式，虽严谨、专业度高，但言语晦涩难懂，且与应用和现实生活脱节。尤其是对于艺术、动画等非工科背景的学习者来说，专业语言成了一条难以逾越的门槛，很多 Unity 爱好者和学习者往往都因此中道而止。

本书原著作者用极其通俗生活化的语言和比喻为读者诠释了 Unity 与 C#语言的基础知识与使用方法，并结合了项目实践、说明与提示、小测验等模块进一步帮助读者理解和灵活运用 C#与 Unity。作者将创建的游戏项目命名为"Hero Born"(勇者诞生)，寄托了他对读者踏上学习征程的期许，还配有"Hero's Trial"(勇者的试炼)环节，鼓励读者接受章节中的挑战。

我们在翻译过程中也追求尽力还原并贴合原作者口语化的叙述风格，希望能用平易近人的语言，为来自任意领域任何背景的读者清晰诠释相关专业概念。期待本书可以成为帮助零基础，尤其是艺术、影视动画等无编程背景的学习者了解 Unity 与 C#的有力教程与工具书。

贡 献 者

关于作者

Harrison Ferrone 出生并成长于美国伊利诺伊州的芝加哥。他花费了大量时间为 Microsoft 编写技术文档,为 LinkedIn Learning 和 Pluralsight 创建教学内容,此外还是 Ray Wenderlich 网站的技术编辑。

他获得了科罗拉多大学博尔德分校和芝加哥哥伦比亚学院的多个学位。毕业后,作为 iOS 开发人员,在一家小型初创公司和一家财富 500 强公司工作数年之后,Harrison 转而投身于教学生涯,直到今天。一路走来,他买过很多书,养过几只猫,也在国外工作过,始终想知道为什么论文集《神经漫游者》没有被更多课程的教学大纲采用。

本书的完成离不开 Kelsey(我在这次写书旅程中的战友)以及 Wilbur、Merlin、Walter 和 Evey 给予我的勇气和关爱。

关于审校者

Andrew Edmonds 是一位经验丰富的程序员、游戏开发工程师和教育家。他拥有沃什伯恩大学计算机科学学士学位,并且是 Unity 认证的程序员和讲师。大学毕业后,他在堪萨斯州立法机构担任了三年的软件工程师,后五年开始教导高中生如何编写代码和制作电子游戏。作为一名教师,他帮助过许多有抱负的年轻游戏开发者取得了超出他们想象的成就,包括在

2019 年凭借使用 Unity 制作的虚拟现实游戏赢得了 SkillsUSA 全美电子游戏开发锦标赛。目前，Andrew 与妻子 Jessica 以及他们的两个女儿 Alice 和 Ada 在华盛顿居住生活。

Adam Brzozowski 是一位资深的软件工程师，负责开发游戏和客户端应用程序。他的工作涉及 Unity、虚幻引擎、C++、Swift 和 Java，能够为每个项目找到合适的解决方案。

前　　言

　　Unity 是世界上最受欢迎的游戏引擎之一，适用于业余爱好者、专业 3A 工作室和电影制作公司。虽然 Unity 主要被视为创作 3D 的工具，但它还具有诸多专有功能，支持从 2D 游戏、虚拟现实到后期制作、跨平台发布的所有内容。

　　尽管 Unity 的即拖即用接口和内置功能深受广大开发者喜爱，但真正让 Unity 更上一层楼的原因在于，Unity 能为行为和游戏机制编写自定义 C#脚本。学习编写 C#代码对于已熟悉其他语言、经验丰富的程序员来说可能不是什么太大的障碍，但会令没有编程经验的初学者望而生畏。本书的意义在于带领大家从头开始学习 C#语言和编程的基本构成要素，同时在 Unity 中开发一个有趣且好玩的游戏。

本书读者对象

　　本书主要面向没有编程基础或 C#语言经验的人群。无论是具有 C#或其他编程语言经验的编程老手，或 C#语言的初学者，只要想尝试在 Unity 中动手实践，进行游戏开发，那么本书就适合他阅读和参考。

本书主要内容

　　第 1 章 "了解开发环境"，介绍 Unity 安装过程、Unity 编辑器的主要功能、查阅 C#和 Unity 特定主题文档的方法，以及从 Unity 内部创建 C#

脚本的步骤，并对 Visual Studio 应用具有初步认识，我们所有的代码编辑工作都将在 Visual Studio 中进行。

第 2 章"编程的构成要素"，从列举编程的原子级概念开始，将变量、方法和类与日常生活中的事物联系起来。然后介绍简单的调试技巧、正确的格式设置和注释，以及 Unity 是如何将 C#脚本转换为组件的。

第 3 章"深入研究变量、类型和方法"，对变量进行更深入的讲解，内容包括 C#的数据类型、命名约定、访问修饰符等其他编程基础内容。并讨论如何更有效地编写方法、使用参数和返回类型。最后，对属于 MonoBehavior 类的标准 Unity 方法进行概述。

第 4 章"控制流和集合类型"，引入在代码中做出决策的常用方法，包括 if...else 和 switch 语句。然后介绍如何使用数组、列表和字典，并结合迭代语句来循环遍历集合类型。最后，介绍条件循环语句和被称为"枚举"的特殊 C#数据类型。

第 5 章"类、结构体和 OOP"，首次接触并详细介绍如何构造和实例化类与结构体，创建构造函数、添加变量和方法的基本步骤，以及使用子类和继承的基础知识。最后，全面诠释面向对象编程及其在 C#中的应用。

第 6 章"亲手实践 Unity"，标志着我们从 C#语法进入游戏设计、关卡构建和 Unity 特定工具的世界。首先从了解游戏设计文档的基础知识开始，然后完成游戏关卡的场景布局，并添加光照和简单的粒子系统。

第 7 章"角色移动、摄像机以及碰撞"，讲解使玩家角色移动和设置第三人称摄像机的不同方法，并介绍如何通过 Unity 物理引擎获得更逼真的运动效果，如何使用碰撞体组件以及如何捕获场景中的交互。

第 8 章"游戏机制脚本编写"，介绍游戏机制的概念以及如何有效地实现游戏机制。从添加简单的跳跃动作开始，然后创建射击机制，并基于前几章的代码添加处理道具收集的逻辑。

第 9 章"AI 基础与敌人行为"，简要概述游戏中的人工智能以及应用于 Hero Born 示例中的相关概念。涵盖的主题包括 Unity 中的导航、使用关卡几何体和导航网格、智能代理，以及敌人自动移动。

第 10 章"再谈类型、方法和类"，更深入地讲解有关数据类型、中级方法特性以及可用于更复杂类的其他操作。本章将带着读者进一步了解 C# 语言的多功能性和广泛度。

第 11 章 "栈、队列和 HashSet"，深入探讨中级集合类型及其功能。涵盖的主题包括如何使用堆栈、队列和 HashSet 以及它们分别适合的不同开发场景。

第 12 章 "探索泛型、委托等"，详细介绍 C#语言的中级特性以及如何在实际场景中应用它们。从泛型编程的概述开始，逐步介绍委托、事件和异常处理等概念。最后，简要探讨常见的设计模式，并为未来更进一步的学习做好准备。

第 13 章 "旅程继续"，回顾整本书讲解的主要主题，并提供进一步学习 C#和 Unity 的资源。这些资源包括在线阅读材料、认证信息和许多视频教程频道。

使用本书的条件

为了能在即将到来的 C#和 Unity 冒险中获得最大收益，你需要保持好奇心和学习意愿。为了巩固所学知识，你需要花一些时间在书中的 "行动时刻" "勇者的试炼" 和 "小测验" 等部分。最后，在继续学习新知识之前，最好重温知识点或整个章节来刷新或加强理解，因为在不稳定的地基上盖房子是没有意义的。

此外，还需要在计算机上安装当前版本的 Unity，建议使用 2020 或更高版本。本书中所有代码示例均已使用 Unity 2020.1 进行测试，且应该可以在未来版本中正常使用。

本书涵盖的软件/硬件
Unity 2020.1 或更高版本
Visual Studio 2019 或更高版本
C# 8.0 或更高版本

在开始之前，请检查计算机设置是否满足 https://docs.unity3d.com/2019.1/Documentation/Manual/system-requirements.html 上的 Unity 系统要求。这些要求是针对 Unity 2019 设置的，但也同样适用于 Unity 2020 及更高版本。

下载示例代码文件及彩图

本书提供了大量的示例代码文件，可通过扫描封底处的二维码下载并查看。由于本书为单色印制，如需查看书中图片的彩色版本，也可通过扫描封底处二维码进行下载。

目　　录

(该部分内容通过扫描封底二维码下载获取)

第 *1* 章

了解开发环境

受主流文化的影响，程序员往往被认为是一群局外人、孤狼、极客或黑客，他们虽拥有算法天赋但缺乏社交能力和情商。尽管事实并非如此，但学习编程的确会从根本上改变一个人看待世界的方式。好在出于好奇的天性，人类的头脑会很快适应，甚至可能会享受这种新的思维方式。

其实，在生活中，我们每天都在运用编程中会用到的分析技能，无非只是缺少了正确的语言和语法将其映射到代码。例如，现实中每个人的年龄，可以被看作编程中的变量；再如，现实中我们习惯在过马路前观察道路两边，相当于在编程中评估不同的条件，专业术语称之为控制流；又如，现实中看到的一罐爆米花，我们会本能地认出它具有形状、重量和内容物等属性，这就好比编程中的一个类对象。这样的例子还有很多。

拥有现实世界的经验，意味着我们已经做好了跨进编程世界大门的准备。接下来需要知道如何设置开发环境，如何使用相关软件，以及如何寻求帮助。我们的 C#之旅就此开启！

本章重点：

- Unity 入门
- 使用 Visual Studio
- 在 Unity 中使用 C#
- 探索技术文档

1.1 技术要求

了解新事物时，有时使用反向排除胜过正向列举。本书的主要目标不是掌握Unity游戏引擎或游戏开发中的种种细节，但在旅程开始之前，有必要对Unity和游戏开发有一个基础的认知，更多详情会在之后的第 6 章"亲手实践 Unity"中展开。这些主题帮助我们以一种轻松有趣的方式从零开始学习 C#语言。

本书面向编程初学者，特别适合完全没有任何C#或Unity 使用经验的读者。没有编程经验但对 Unity 编辑器有些了解的读者也可从中受益。此外，对上述二者均有涉猎，但希望探索一些中高级主题的读者，本书的后几章可以提供相关的内容。

注意：

如果已经熟练掌握其他编程语言，可略过初学者理论，直接跳至感兴趣的部分。当然，也可选择从头学起，重温基础知识。

1.2 Unity 2020 入门

如果还没有安装Unity，或者安装了一个较早的版本，需要进行一些设置。可以按照以下步骤进行。

(1) 访问网址：https://www.unity.com。

(2) 单击 **Get started** 按钮(如图 1-1 所示)，将跳转到 Unity 商店界面。

注意：

如果 Unity 主页看起来和图 1-1 中看到的不同，你可以直接访问 https://store.unity.com。

图 1-1

先不要为此感到不知所措，你可以获取完全免费的 Unity！

(3) 如图 1-2 所示，单击 **Individual** 标签，选择左侧的 **Personal** 下的 **Get started** 按钮。其他付费选项提供了更先进的功能和订阅服务，可以自行查看并进行对比。

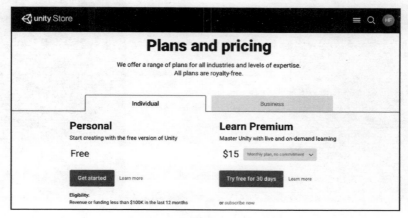

图 1-2

在选择个人版(Personal)后，将询问你是首次用户还是回归用户，如图 1-3 所示。

图1-3

(4) 在 **First-time Users**(首次用户)板块下单击 **Start here** 按钮，将跳转到如图 1-4 所示的 Terms(安装须知)界面。

(5) 单击 **Agree and download** 按钮以获得 Unity Hub 软件。

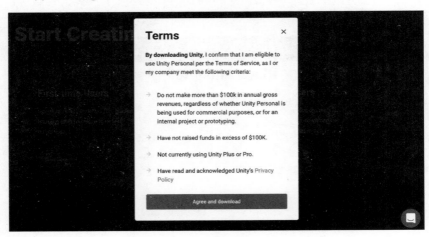

图1-4

下载完成后，按照以下步骤进行操作。

(1) 双击打开安装包。

(2) 接受用户协议。

(3) 按照安装说明执行。当安装完毕后，请启动 Unity Hub 应用程序，你会看到如图 1-5 所示的界面。

图 1-5

注意：

第一次打开应用程序时，最新版本的 Unity Hub 有一个指引初始流程的向导。可以根据其指引进行操作。因为该向导只在初次启动时可用，所以下文展示的是如何在没有应用程序向导帮助的情况下启动一个新项目。

(4) 打开 Unity Hub，在左侧菜单中切换到 **Installs** 选项卡并单击其中的 **ADD** 按钮，如图 1-6 所示。

图 1-6

在编写本书时，Unity 2020 仍处于内部测试阶段，但你应该能够从 Latest Official Releases(最新官方发布)列表中选择 2020 版本，如图 1-7 所示。

图 1-7

在之后的示例学习中，你将不需要安装任何特定的系统平台模块，所以可以保持现状并继续。如有需要，可以随时添加模块，方法是单击 **Installs** 窗口中位于任何 Unity 版本右上角的 **More** 按钮(三个点的图标)，在打开的添加界面中进行添加，如图 1-8 所示。

安装完成后，在 **Installs** 面板中便会看到一个新版本，如图 1-9 所示。

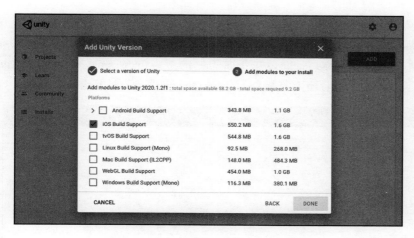

图 1-8

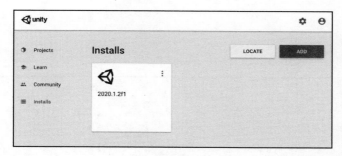

图 1-9

注意:
有关 Unity Hub 应用程序的其他信息和资源可访问 https://docs.unity3d.com/Manual/GettingStartedInstallingHub.html。

实际操作中有些出入是难免的，如果你使用的是 macOS Catalina 或更高版本的系统，可以参照 1.2.1 节中的步骤进行安装。

1.2.1　使用 macOS

如果你正在使用 Catalina 或更高版本的 macOS 操作系统, 那么使用 Unity Hub

2.2.2(和更早版本)根据上述步骤安装 Unity 会存在已知问题。如果你遇到了这种情况，没关系，先深吸一口气，让我们进入如图 1-10 所示的 Unity 下载归档界面(Unity download archive)并获取需要的版本(https://unity3d.com/get-unity/download/archive)。记住选择 **Downloads(Mac)**选项而不是 **Unity Hub** 下载。

图 1-10

注意:
如果在 Windows 系统上操作时遇到类似的安装问题，采取以上步骤也会同样有效。

下载的是一个普通的.dmg 应用安装程序。打开文件，按照指示操作，马上就可以开始使用了!

注意:
本书的所有示例和截图都是使用 Unity 版本 **2020.1.0a20** 创建和截取的。如果你使用的是较新的版本，那么在 Unity 编辑器中，情况可能会略有不同，但这应该不会影响你的后续工作。

Unity Hub 和 Unity 2020 已经成功安装完毕，如图 1-11 所示。现在就可以创建新项目了!

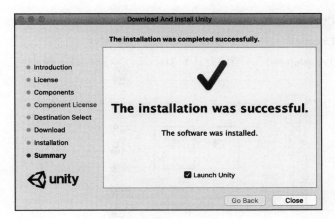

图 1-11

1.2.2　创建一个新项目

启动 Unity Hub 应用程序后，会出现如图 1-12 所示的界面，在该界面中可以创建新项目。如果你已有 Unity 账户，请登录并继续；若没有，则可以创建一个，也可以单击屏幕底部的 **Skip**。

图 1-12

现在，通过选择右上方的 **NEW** 选项卡旁边的箭头图标来创建一个新项目。选择你的 Unity 版本为 2020 并设置以下字段，如图 1-13 所示。

- **Project Name**：将项目命名为"Hero Born"。
- **Location**：选择任意你希望保存项目的路径。
- **Templates**：该项目将默认为 **3D**，所以单击 **CREATE** 按钮。

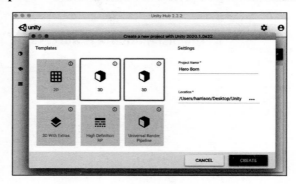

图 1-13

创建项目后，我们就可以开始探索 Unity 界面了。

1.2.3　浏览编辑器

新项目完成初始化后，将看到明亮的 Unity 编辑器界面！图 1-14 中标记出
了重要的选项卡(也称面板)。

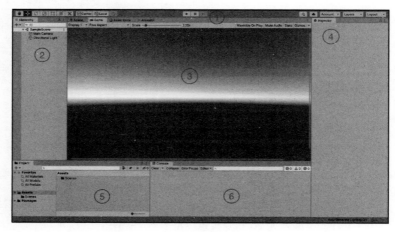

图 1-14

　　一口气记住所有面板需要花一点时间，所以我们将更详细地介绍每个面板。

　　(1) **Toolbar(工具栏)** 面板位于 Unity 编辑器的最顶部。在该面板中可以操纵对象(最左边的按钮组)以及运行和暂停游戏(中间的按钮组)。最右边的按钮组包含了 Unity Services、图层蒙版和布局方案等功能，在本书中不会用到它们。

　　(2) **Hierarchy(层级)** 面板显示了当前游戏场景中的每个项目。在新建的入门项目中，这里默认只有摄像机和方向光，但是当我们创建原型环境时，将开始填充此面板。

　　(3) **Game(游戏)和 Scene(场景)** 视图面板是编辑器最直观的区域。可以将 Scene 视图视为舞台，我们可以在其中移动和摆放 2D 和 3D 对象。当单击 Play 按钮时，将切换至 Game 视图，在其中展示渲染后的 Scene 视图和所有已编程内容的交互。

　　(4) **Inspector(检视)** 面板是一站式查看和编辑所选对象属性的区域。例如，当选中 Main Camera (主摄像机)时，该窗口会显示它包含的几个部分(Unity 称它们为组件)，可以通过此面板访问这些部分。

　　(5) **Project(项目)** 面板包含项目中当前存在的每个资产。可以将其视为项目文件夹和文件的展示区域。

　　(6) 在 **Console(控制台)** 面板上，将显示我们希望脚本打印的任何输出。从现在开始，如果我们谈论控制台或调试输出，结果将在该面板上显示。

注意:

有关窗口功能的深入解析可查看 Unity 文档: https://docs.unity3d.com/Manual/UsingTheEditor.html。

　　对于 Unity 初学者的确有很多东西要记忆和消化。但是请放心，在后续的所有内容中我们都会对必要步骤进行指引，不会让你犹豫不决或不知道该按哪个按钮。消除了这些顾虑之后，就让我们开始创建一些真正的 C#脚本吧。

1.3　在 Unity 中使用 C#

展望未来，有必要将 Unity 和 C#视为相互共生的关系。Unity 是创建脚本并最终运行脚本的引擎，但实际的编程却是在另一个名为 Visual Studio 的软件中进行的。暂时不用担心，稍后会对此详细说明。

1.3.1　使用 C#脚本

作为基础中的基础，在介绍任何基本的编程知识之前，应先知道如何在 Unity 中创建 C#脚本。

可通过如下几种方法在 Unity 编辑器中创建 C#脚本：

- 选择 **Assets | Create | C# Script**。
- 在 **Project** 选项卡中，选择 **Create | C# Script**。
- 右击屏幕右侧的 **Project** 选项卡，然后在弹出的菜单中选择 **Create | C# Script**。
- 在 **Hierarchy** 窗口中选择一个 GameObject，在 **Inspector** 中，单击 **Add Component | New Script**。

之后每当本书中提到创建 C#脚本时，请使用以上任何一种方法。

注意：
也可以使用上述方法在编辑器中创建 C#脚本以外的资源和对象。当我们创建新内容时，不会指定使用这些方法中的哪一种，因此有必要记住这些方法。

为了便于组织和管理，通常习惯将各种资产和脚本存储在其对应名称的文件夹中。使用 Unity 并不要求这样做，但这样做会受到同行的欢迎和感谢，所以应尽早养成这种好习惯。

(1) 如图 1-15 所示，从 **Project** 选项卡中单击 **Create | Folder**，选择文件夹(或选择上述方法中的任意一种)，并将其命名为 "Scripts"。

图 1-15

(2) 双击 **Scripts** 文件夹并在其中创建一个新的 C#脚本。默认情况下，该脚本将被命名为"NewBehaviourScript"，且文件名被全选并突出显示了，可以对其进行重命名。输入"LearningCurve"，然后按 Enter 键。

我们刚刚创建了一个名为 Scripts 的子文件夹，如图 1-16 所示。在该文件夹内，我们创建了一个名为"LearningCurve.cs"的 C#脚本(文件类型.cs 代表 C-Sharp，即 C#)，且已将其保存为 Hero Born 项目资产中的一部分。

接下来要做的就是在 Visual Studio 中打开它！

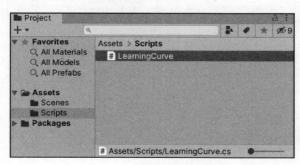

图 1-16

1.3.2　Visual Studio 编辑器介绍

虽然 Unity 可以创建和存储 C#脚本，但是需要使用 Visual Studio 对其进行编辑。Visual Studio 与 Unity 预先打包在一起，当从编辑器内部双击任何 C#脚本时，将自动通过 Visual Studio 打开。

实践——打开 C#文件

首次打开脚本文件时，Unity 将与 Visual Studio 同步。最简单的方法是从 **Projects** 选项卡中选择脚本。

双击 C#脚本文件"LearningCurve.cs"，如图 1-17 所示。

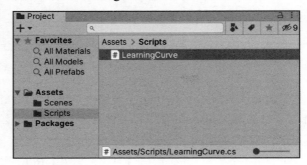

图 1-17

这将在 Visual Studio 中打开 C#文件，如图 1-18 所示。

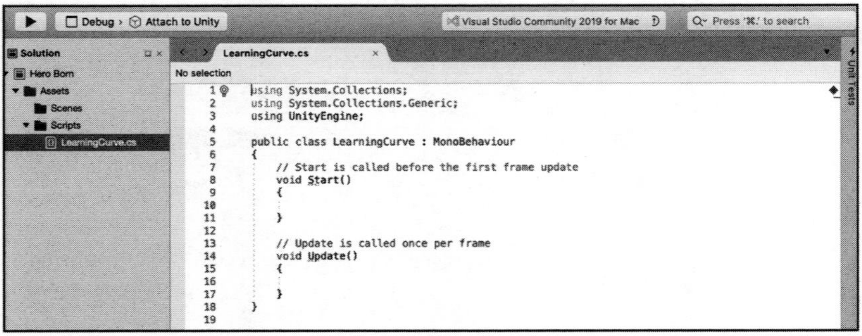

图 1-18

如果该文件在另一个默认应用程序中打开，请按照下列步骤进行操作。

(1) 从顶部菜单中选择 **Unity | Preferences**，然后在左侧面板中选择 **External Tools**。

(2) 将 **External Script Editor** 更改为 **Visual Studio**，如图 1-19 所示。

图 1-19

在 Visual Studio 界面的左侧会看到一个文件夹结构，该文件夹结构与 Unity 中的相同，可以像访问其他文件夹一样访问它。右侧便是产生神奇效果的代码编辑器。Visual Studio 应用程序还有许多功能，但目前这就是使程序运行所需要了解的全部。

注意：

Visual Studio 界面在 Windows 和 macOS 环境中有所不同，但是本书中使用的代码在两种环境下均能很好地工作。本书中的所有屏幕截图均在 macOS 环境中截取，因此，如果你在计算机上看到的界面有所不同，不必担心。

当心命名不匹配

困扰编程新手的一个常见的陷阱是对文件命名。更具体而言，是命名不匹配。我们可以使用图 1-18 中代码的第 5 行来说明：

```
public class LearningCurve : MonoBehaviour
```

LearningCurve 类名称与 LearningCurve.cs 文件名相同，这是一个基本要求。如果你还不知道什么是类，那没关系，但要记住的重点是，在 Unity 中文件名和类名必须相同。如果在 Unity 之外使用 C#，则文件名和类名并不必须匹配。

在 Unity 中创建 C#脚本文件时，**Project** 选项卡中的文件名自动处于 **Edit** 模式，可以重命名。因此，在此时此处重命名是一个好习惯。如果稍后重命名脚本，则文件名和类名可能会不匹配。例如，如果选择稍后更改文件名，第 5 行将如下所示：

```
public class NewBehaviourScript : MonoBehaviour
```

如果不小心这样做了，也并不是什么末日灾难，只需进入 Visual Studio，将 NewBehaviourScript 更改为 C#脚本的名称。

1.3.3 同步 C#文件

作为共生关系的一部分，Unity 和 Visual Studio 彼此保持联系以同步其内容。这意味着，如果在其中一个应用程序中添加、删除或更改脚本文件，另一个应用程序将自动接收到所做的更改。

那么，当计算机罢工并且似乎无法正常同步时，会发生什么呢？如果遇到这种情况，不必惊慌，选中那个出现麻烦的脚本，单击鼠标右键，然后选择 **Refresh**。

我们已经掌握了脚本创建的基础知识，现在该是讨论如何查找和更有效率地使用有用资源的时候了。

1.4　探讨技术文档

在 Unity 和 C#脚本的首次尝试中，要涉及的最后一个话题是技术文档。这个话题并不吸引人，但在与新的编程语言或开发环境打交道前培养一个良好的习惯很重要。

1.4.1　访问 Unity 的技术文档

一旦开始认真编写脚本，就会经常使用 Unity 的技术文档，因此有必要尽早了解如何访问它。参考手册(Reference Manual)为我们提供了某一组件或主题的概述，而具体的编程示例可以在脚本参考(Scripting Reference)中找到。

实践——打开参考手册

场景中的每个 GameObject(**Hierarchy** 窗口中的一个对象)都具有一个控制其位置(**Position**)、旋转(**Rotation**)和缩放(**Scale**)的 **Transform** 组件。为简单起见，我们将在参考手册中查找摄像机的 **Transform** 组件：

(1) 在 **Hierarchy** 选项卡中，选中 **Main Camera** 对象。

(2) 移至 **Inspector** 选项卡，单击 **Transform** 组件右侧的信息图标(问号)，如图 1-20 所示。

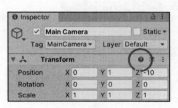

图 1-20

网络浏览器会打开并显示如图 1-21 所示的参考手册的 **Transform** 页面。Unity 中的所有组件都具有此功能，因此，每当我们想进一步了解某件事情的工作原理时，就可以用这种方法打开参考手册。

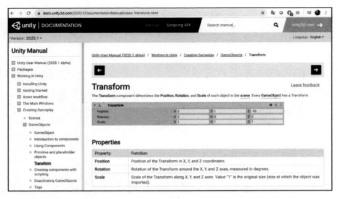

图 1-21

实践——使用脚本参考

至此，我们已经打开了参考手册，但是，如果想要查看与 Transform 组件相关的具体代码示例，该怎么办呢？这很简单，要做的就是查询脚本参考。

单击 **Scripting API**，或单击组件或类名称(在本例中为 **Transform**)下方的 **SWITCH TO MANUAL** 链接。

进行此操作后，参考手册会自动切换到 **Transform** 组件的脚本参考界面，如图 1-22 所示。

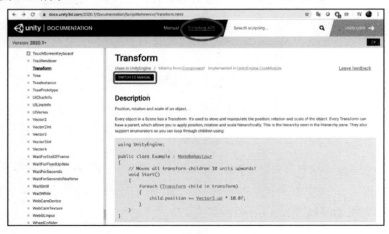

图 1-22

注意：
脚本参考囊括大量内容，是一个庞大的文档。但这并不意味着我们必须记住或熟悉其所有内容才能开始编写脚本。顾名思义，脚本参考只是仅供参考。

如果发现自己迷失在文档中，或者不知从何处看起，还可以在 Unity 开发社区中的以下位置找到丰富的解决方案：

- Unity Forums (https://forum.unity.com/)
- Unity Answers (https://answers.unity.com/index.html)
- Unity Discord (https://discord.com/invite/unity)

另一方面，还需要知道在哪里可以找到关于所有 C#问题的资源，我们将在接下来的内容中进行介绍。

1.4.2　查找 C#资源

我们已经了解如何查找 Unity 资源，下面看一下 Microsoft 的一些 C#技术文档：https://docs.microsoft.com/en-us/dotnet/csharp/programming-guide/index。

注意：
若有兴趣了解其他 C#资源，如相关教程、快速入门指南、版本规范等大量内容可访问 https://docs.microsoft.com/en-us/dotnet/csharp。

实践——查找 C#类

打开编程指南链接并查找 C#中的 String 类。可执行以下任一操作。

- 在网页左上角的搜索栏中输入"Strings"。
- 向下滚动至 **Language Sections**，然后直接单击 **Strings** 链接，如图 1-23 所示。

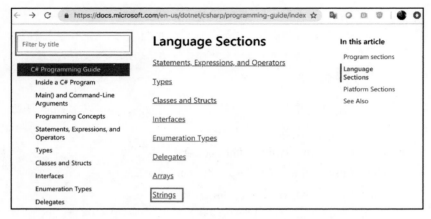

图 1-23

在类描述界面上可以看到类似图 1-24 中的内容。与 Unity 文档不同，C#
参考文档和脚本示例信息全部整合在一起，但是幸好有右侧的子主题列表，应
该充分地利用好它。

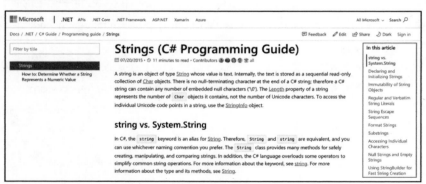

图 1-24

遇到困难或有疑问时，知道在哪里寻求帮助是极其重要的，因此在遇到困
难时请务必重温本节。

1.5　本章小结

本章介绍了很多预备知识，想必你已经迫不及待地想要编写一些代码了。在接下来令人兴奋的旅程中，很可能会忘记如何新建一个项目、创建文件夹和脚本以及如何访问技术文档等内容。请记住，本章为接下来的学习提供了很多资源，可以随时返回本章重新查看。编程思维如同肌肉记忆：训练得越多，就会变得越强大。

在第 2 章中，我们将开始为大脑铺垫编程所需的理论、词汇和主要概念，尽管内容颇为抽象，我们仍将在 LearningCurve 脚本中编写前几行代码。做好准备！

1.6　小测验——关于脚本

1. Unity 和 Visual Studio 之间存在什么关系？

2. 脚本参考提供了有关使用特定 Unity 组件或功能的示例代码。在哪里可以找到有关 Unity 组件的更详细(非代码相关)的信息？

3. 脚本参考是一个大型文档。在尝试编写脚本之前你必须记住多少？

4. 命名一个 C#脚本的最佳时机是什么时候？

第2章

编程的构成要素

任何一种编程语言对不熟悉它们的人来说，初看起来都像古希腊语，C#也不例外。好消息是，在最初的神秘之下，所有编程语言都由相同的基本模块构建组成。变量、方法和类(或对象)构成了传统编程的 DNA，理解这些简单的概念将为我们开启一个充满多样化且复杂的应用的世界。毕竟，地球上每个人的 DNA 中虽只有四个不同的碱基，但它们却最终构成了我们这种独特的有机生命体。

如果你是编程新手，在本章中你将迎来许多新知识，这可能标志着你将开启自己的编程生涯。本章的重点不是要通过列举事实和数字使大脑过载，而是通过对照日常生活中的示例，提供一个了解编程构建块的全局视角。

本章从高层次的视角审视构成一个程序的细枝末节。在直接开始写代码之前，先掌握其工作原理，不仅可以帮助编程新手找到立足之地，还可以通过易于记忆的参考案例来巩固知识点。

本章重点：
- 变量的定义以及如何使用变量
- 了解使用"方法"的目的
- 类及其作为对象时所扮演的角色
- 将 C#脚本转换成 Unity 组件
- 组件之间的通信以及点表示法

2.1　变量的定义

让我们从一个简单的问题开始：什么是变量？从不同的视角可以有以下几种不同的方式回答该问题：

- 从概念上讲，变量是编程的最基本单位，就像原子之于物理世界一样(弦论除外)。一切都始于变量，没有变量程序就不可能存在。
- 从技术上讲，变量是计算机内存中保存某一赋值的一小块区域。每个变量都会跟踪其信息的存储位置(这称为内存地址)、值及其类型(例如数字、字符或列表)。
- 从实践上讲，变量是一个容器。我们可以随意创建新的变量，给它们填入内容，移动它们，更改它们的内容并根据需要引用它们。它们甚至可以是空的，但依然有用处。

比较贴近实际生活的变量的示例是邮箱，如图 2-1 所示。你还记得它们吗？

图 2-1

邮箱可以保存 Mabel 姨妈寄来的照片、账单和信件，随便什么都可以。关键是邮箱中的东西是可以不同的：它们可以有名称、可以保存信息(实体邮件)，并且如果拥有对应的安全权限，甚至可以改变它们的内容。

2.1.1　变量的名称很重要

参考图 2-1，如果我们要打开邮箱，可能首先会问：打开哪一个？如果被告知是史密斯家的邮箱，或是棕色邮箱，或是圆形邮箱，那么我们就获得了必要的背景信息来打开所指的那个邮箱。同样，在创建变量时，必须给它们提供唯一的名称，以供需要时引用。我们将在第 3 章"深入研究变量、类型和方法"中探讨命名的恰当格式以及描述性命名的更多细节。

2.1.2　变量充当占位符

创建和命名变量时，其实是为要存储的值创建了一个占位符。以下面的简单数学等式为例：

```
2 + 9 = 11
```

好吧，这没什么难的，但是如果希望把数字 9 变成变量，该怎么办？考虑以下代码：

```
myVariable = 9
```

现在，可以在需要的任何地方使用变量名 myVariable 代替 9：

```
2 + myVariable = 11
```

注意：

想要知道变量是否还有其他规则或规定吗？在第 3 章中将介绍这些内容，敬请期待。

即使该示例不是真正的 C#代码，却也展示出了变量的能力以及将其视为占位符并引用它的用法。在下一节中，我们会创建变量，请继续往下阅读！

实践——创建变量

前面介绍的理论知识已经足够了。现在让我们在 LearningCurve 脚本中创建一个真正的变量。

(1) 双击 LearningCurve，在 Visual Studio 中将其打开，然后添加第 **7**、**12** 和 **14** 行的代码(现在不必考虑语法，只需要确保你的脚本与图 2-2 中显示的脚本相同即可)。

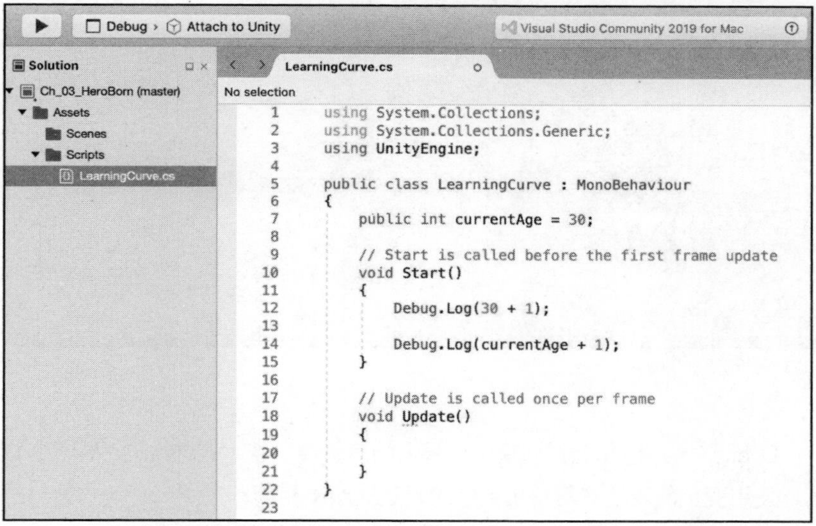
Debug › Attach to Unity
Visual Studio Community 2019 for Mac
Solution
Ch_03_HeroBorn (master)
Assets
Scenes
Scripts
LearningCurve.cs
LearningCurve.cs
No selection
1 using System.Collections;
2 using System.Collections.Generic;
3 using UnityEngine;
4
5 public class LearningCurve : MonoBehaviour
6 {
7 public int currentAge = 30;
8
9 // Start is called before the first frame update
10 void Start()
11 {
12 Debug.Log(30 + 1);
13
14 Debug.Log(currentAge + 1);
15 }
16
17 // Update is called once per frame
18 void Update()
19 {
20
21 }
22 }
23

图 2-2

(2) 在 Mac 键盘上使用 Command + S，或者在 Windows 键盘上使用 Ctrl + S 来保存文件。

为了使脚本能在 Unity 中运行，必须将它们附加到场景中的 GameObjects 上。

HeroBorn 项目在默认初始时仅有摄像机和方向光，该光源为场景提供照明。为简单起见，我们将 LearningCurve 脚本附加到摄像机上(见图 2-3)。

(1) 将 LearningCurve.cs 脚本拖放到 **Main Camera** 上。

(2) 选中 **Main Camera**，使其出现在 **Inspector** 面板中，并验证是否已正确地给主摄像机附加上了 LearningCurve.cs **(Script)**组件。

(3) 单击 **Play** 按钮，并在 **Console** 面板中查看输出。

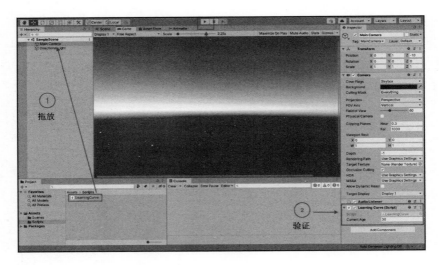

图 2-3

Debug.Log( )语句会打印输出括号内的简单数学表达式的结果。如图 2-4 所示，使用变量的表达式与使用数字的表达式结果相同。

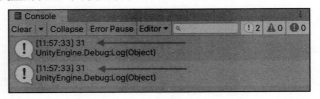

图 2-4

在本章的最后，将介绍 Unity 如何将 C#脚本转换为组件。但我们首先将更改一个变量的值。

实践——更改变量的值

由于 currentAge 在第 7 行被声明为变量，因此其存储的值是可以更改的。更新后的值将向下沿用至代码中任何使用该变量的位置。下面我们通过实践来进一步了解如何更改变量的值。

(1) 如果场景仍在运行，请通过单击 **Play** 按钮停止游戏。

(2) 如图 2-5 所示，在 **Inspector** 面板中将 **Current Age** 更改为 18，再次运行场景，然后在 **Console** 面板中查看新输出。

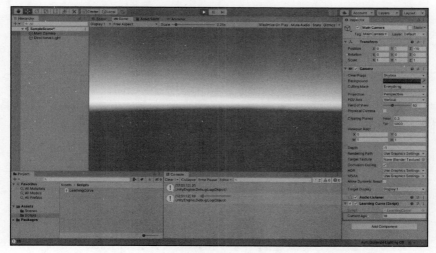

图 2-5

第一个输出仍然是 **31**，但是第二个输出现在是 **19**，因为我们更改了变量的值。

　注意：
本节的目标不是要全面地讨论变量的语法，而是展示变量如何充当可以一次创建并在其他位置多次引用的容器。在第 3 章"深入研究变量、类型和方法"中，将涉及更详细的介绍。

既然知道了如何在 C#中创建变量并为其赋值，就意味着已准备好深入研究下一个重要的编程构建块：方法！

2.2　了解方法

只依赖其自身，变量除了跟踪其所赋值之外并不能做太多的事情。尽管这很重要，但是就创建有意义的应用程序而言，变量本身并不是很有用。那么，如何在代码中创建动作和驱动行为呢？简单的回答就是，要使用方法。

在了解什么是方法以及如何使用它们之前，我们应该澄清一些术语。在编程世界中，通常"方法"和"函数"两种称法可以互换使用，尤其是对于 Unity 来说。由于 C#是一种面向对象的语言(第 5 章"类、结构体和 OOP"中将涉及此部分内容)，本书其余部分将使用方法这一称法，以遵循标准的 C#准则。

提示:
当在脚本参考或任何其他文档中遇到函数一词时，请将其视为方法。

2.2.1　方法驱动行为

与变量类似，给编程方法下定义可以是乏味且冗长的，也可以是危险且简短的，同样可以从以下三个层面去理解。

- 从概念上讲，方法是应用程序内部各项业务运作的方式。
- 从技术上讲，方法是包含可执行语句的代码块，当方法名被调用时，这些可执行语句便运行。方法还可以接受实参(也称为参数)，参数在方法自身的作用域内生效。
- 从实践上讲，方法是每次执行时都会运行的一组指令的容器。这些容器也可以将变量作为输入，且只能在该方法本身内部被引用。

综上所述，方法就如同程序的骨骼，它们将所有东西连接在一起，几乎一切都建立在方法的结构上。

2.2.2　方法也是占位符

为进一步理解概念，举一个简单的例子——将两个数字相加。编写脚本，本质上是在罗列代码行，以便计算机按顺序执行。在第一次需要将两个数字相加时，可以像下面的代码块一样简单粗暴地去实现:

```
someNumber + anotherNumber
```

但是之后我们发现这些数字还需要在其他地方相加。这时候便可以创建并命名一个方法来执行此操作,而不是到处复制并粘贴同一行代码(这样做会导致产生臃肿或"意大利面条式"的代码,应尽力避免此情况的发生):

```
AddNumbers
{
    someNumber + anotherNumber
}
```

提示:

如果你发现自己一遍又一遍地编写相同的代码行,这可能意味着你错失了将重复的操作化简或凝练为通用方法的机会。

这种情况通常被编程者戏称为"意大利面条式"代码,因为这样的代码会非常凌乱。编程者常提及一种解决方案称为 Don't Repeat Yourself (DRY),即"不要重复自己"的原则,应该把它视作真言并时刻牢记。

现在,**AddNumbers** 在内存中占有一席之地,就如同一个变量。但是,它包含的不是一个值,而是一个指令块。在脚本中的任何位置使用方法的名称(或调用它),就会执行方法中所存储的指令块,这样可以避免重复任何代码。

同之前一样,一旦通过伪代码学习了新的概念,最好尽快将其付诸实践,我们在下一节中将通过实践来强化理解。

实践——创建一个简单的方法

下面再次打开 LearningCurve,并看看在 C#中方法是如何工作的。就像变量的示例一样,请参照图 2-6 所示将代码复制到脚本中。本例中删除了上个示例的代码以使内容更整洁,但也可以将其保留在脚本中以供参考:

(1) 在 Visual Studio 中打开 LearningCurve,然后添加第 **8**、**13** 和 **16~19** 行。

(2) 保存文件,然后返回 Unity 并单击 **Play** 按钮,在 **Console** 面板中查看新的输出结果。

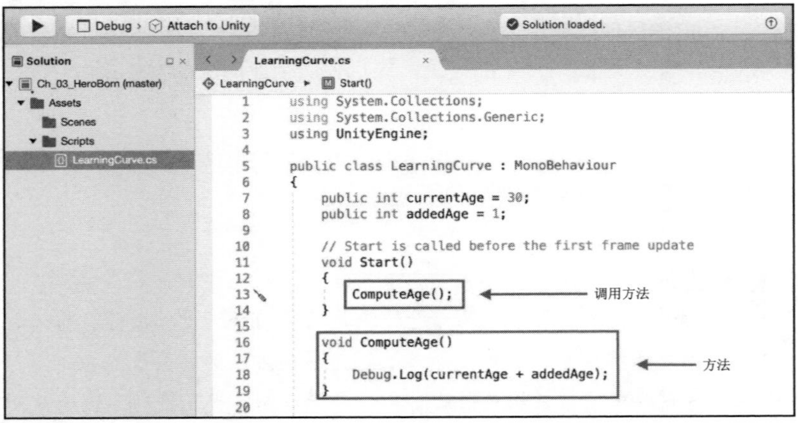

图 2-6

　　我们在第 16~19 行中定义了第一个方法，并在第 13 行中对其进行了调用。现在，无论在何处调用 AddNumbers( )方法，这两个变量都会相加并打印输出到控制台，即使它们的值发生了变化，如图 2-7 所示。

图 2-7

　　继续在 **Inspector** 面板中尝试不同的变量值，并查看实际结果！有关刚刚编写的代码的语法详情将于第 3 章讲解。

　　前面已讲解了方法，下面将介绍编程领域中最重要的知识点——类！

2.3　介绍类

　　虽然已经学习了变量如何存储信息以及方法如何执行操作，但是我们的编程工具包仍然受到一定的限制。我们还需要创建一个超级容器，它拥有自身的变量和方法，且这些变量和方法可以通过该容器自身进行调用。

　　下面从不同的层面来介绍类。

- 从概念上讲，类将相关信息、活动和行为保存在单个容器中。它们甚至可以相互通信。
- 从技术上讲，类是一种数据结构。它们可以包含变量、方法和其他编程信息，这些信息皆可在类的对象创建后被调用。
- 从实践上讲，类就像是一个蓝图。它为任何参照该蓝图创建的对象(称为实例)设定了规则和规定。

可能你已发觉并意识到，不仅在 Unity 中，在现实世界中我们同样被各种各样的类包围着。接下来，我们将介绍一个最常见的 Unity 类以及现实生活中它们是如何起作用的。

2.3.1　一个常用的 Unity 类

在知道 C#中的类是什么样子之前，应该知道我们其实在本章中一直在使用一个类。默认情况下，在 Unity 中创建的每个脚本都是一个类，这一点可以从 LearningCurve 脚本中第 5 行的 class 关键字看出来：

```
public class LearningCurve: MonoBehavior
```

MonoBehavior 代表该类可以附加到 Unity 场景中的 GameObject 上。在 C#中，类可以独立存在，这种用法我们将在第 5 章 "类、结构体和 OOP" 中创建独立的类时遇到。

注意：
脚本和类的称法有时在 Unity 资料中可以互换使用。为了保持一致性，在本书中，我们将附加到 GameObjects 上的 C#文件称为脚本，如果它们是独立的，则称为类。

2.3.2　类就像蓝图

作为最后一个例子，下面我们思考一下本地的邮局。邮局是一个独立且功能齐全的环境，它具有一些属性，比如物理地址(可以视为一个变量)；具有执行业务的能力，比如可以发送加密信息(可以视为一个方法)。

这使邮局成为用于描述潜在类的一个很好的例子,可以通过下面的伪代码
块对其进行概述:

```
PostOffice
{
    // Variables
    Address = "1234 Letter Opener Dr."

    // Methods
    DeliverMail()
    SendMail()
}
```

这里值得关注的是,当信息和行为遵循某一预定义的蓝图时,复杂的动作
和类间的通信便成为可能。

例如,如果有另一个类想要通过 PostOffice 类发送一封信,它并不需要提
问到哪里才能触发该操作。它可以轻松地从 PostOffice 类中调用 SendMail 函数
来实现,如下所示:

```
PostOffice.SendMail()
```

或者,还可以用它来查找邮局的地址,以便知道邮件从哪里寄出:

```
PostOffice.Address
```

 注意:
若你对英文单词间使用的英文句点(称为点表示法)存有疑惑,我们
将在本章结尾处深入探讨,请先跟上。

现在,我们的基础编程工具包已基本完备(至少是在理论层面)。在本节的
余下部分,我们将更深入地了解变量、方法和类的语法及其实际用法。

2.4   使用注释

你可能已经注意到,LearningCurve 脚本中有一行奇特的灰色文本(见图 2-6

中的第 10 行)，它以两个反斜杠开头，是创建脚本时默认产生的。它被称为代码注释。对于编程者，注释是一种非常强大且简便的工具。

在 C#中，有几种方式可以创建注释，而 Visual Studio(及其他代码编辑应用程序)通常会通过内置的快捷方式使其变得更加容易。

一些专业人士不会将注释视为编程的基本组成部分，但我无法认同。用有意义的信息对代码进行恰当的注释，是编程新手最应养成的基本习惯之一。

2.4.1　实用的反斜杠

在 LearningCurve 脚本中使用的正是单行注释:

```
// This is a single-line comment
```

Visual Studio 不会将以两个反斜杠(之间无空格)开头的行视为代码，因此我们可以根据需要尽情使用它们。

2.4.2　多行注释

正如其名，大概也可以猜出单行注释仅适用于代码中的一行。如果想要多行注释，则需要在注释文本前后使用反斜杠和星号作为开始和结束字符:

```
/* this is a
multi-line comment */
```

提示:
还可以通过突出显示代码块(拖动光标并选中代码块)使用快捷方式来注释或取消注释该代码块。该快捷方式在 macOS 上为 command + ?，在 Windows 上为 Ctrl + K + C。

示例中注释得再好，也不如在我们的代码中做好注释。什么时候都适合开始注释!

实践——添加注释

Visual Studio 还提供了一个方便的自动生成注释的功能。在任何代码行(变量、方法、类等)之前的行中输入三个反斜杠，将出现一个摘要注释块。打开LearningCurve，并在 ComputeAge( )方法上方添加三个反斜杠，如图 2-8 所示。

```
16          /// <summary>
17          /// Computes a modified age integer
18          /// </summary>
19          void ComputeAge()
20          {
21              Debug.Log(currentAge + addedAge);
22          }
```

图2-8

此时应该看到三行注释，其中包含由 Visual Studio 根据方法名称生成的方法描述，夹在两个<summary>标签之间。当然，我们可以像在文本文档中一样通过按 Enter 键来更改注释文本或添加新行，只要确保没有触及标签即可。

当想了解自己编写的某个方法时，这种详细注释就起到了作用。当某方法使用了三个斜杠进行注释时，只需在任何调用该方法的位置，将鼠标悬停在该方法名称上，Visual Studio 就会弹出有关该方法的注释摘要，如图 2-9 所示。

```
11          // Start is called before the first frame update
12          void Start()
13          {
14              ComputeAge();
15          }                    void LearningCurve.ComputeAge()
16
17          // Upd            Computes a modified age integer        e
18          void Update()
19          {
```

图2-9

我们仍需要了解如何将本章所学内容应用到 Unity 游戏引擎中，这将在下一节中重点介绍!

2.5　将基础模块整合在一起

随着基本模块的展开，在本章收尾之前，还需要做一些特定于 Unity 的整理工作。具体来说，我们需要更多地了解 Unity 如何处理附加到 GameObjects 上的 C#脚本。在此示例中，我们将继续使用 LearningCurve 脚本和 **Main Camera** 这个 GameObject。

2.5.1　脚本成为组件

所有 GameObject 的组件都是脚本，无论是由我们还是由 Unity 的员工编写的。Unity 提供的原生组件(例如 **Transform**)及其对应的脚本，一般是不能被我们编辑的。

一旦将创建的脚本放到 GameObject 上，它便成为该游戏对象的一个新组件，这就是它出现在 **Inspector** 面板中的原因。对于 Unity 而言，它同其他任何组件一样能"走"、会"说"，并可随时在该组件下更改其公共变量。尽管我们不应该编辑 Unity 提供的原生组件，但仍然可以访问它们的属性和方法，从而使它们成为强大的开发工具。

注意：

当脚本成为组件时，Unity 还会自动进行一些可读性调整。你可能已经注意到，当我们向 **Main Camera** 添加 LearningCurve 脚本时，Unity 将其显示为"Learning Curve"，而 currentAge 更改为"Current Age"。

在之前的"实践"部分，我们已经尝试在 **Inspector** 面板中更新变量值，但是更详细地讲一下它的工作原理很重要。调整属性值有以下两种情况：

- 在 **Play** 模式下
- 在开发模式下

在 **Play** 模式下所做的更改会立即实时生效，这非常适合对游戏玩法进行测试和微调。但是，请务必注意，当停止游戏并返回到开发模式后，在 **Play** 模式下所做的任何更改都将丢失。

在开发模式下，对变量所做的任何更改都将由 Unity 保存。这意味着，假设你退出 Unity 再重新启动它，更改将被保留。

注意：

在 **Inspector** 面板中对值所做的更改不会修改脚本，但是它们将覆盖在 **Play** 模式下脚本中分配的所有值。

如果需要撤销在 **Inspector** 面板中所做的任何更改，可以将脚本重置为其默认值(有时称为初始值)。单击任何组件右侧的三个垂直点图标，然后选择 **Reset**，如图 2-10 所示。

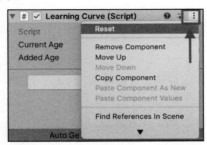

图 2-10

这应该让我们高枕无忧了。如果我们的变量失控了，随时可以"硬重置"它们。

2.5.2   来自 MonoBehavior 的助力

C#脚本是类，那么 Unity 又是如何知道该把哪些脚本视为组件而哪些不呢？答案很简单，LearningCurve(以及在 Unity 中创建的任何脚本)都继承自名称为 MonoBehavior 的另一个类。这便告诉 Unity，可以将这个 C#类转换为组件。

类的继承对于新手来说有点难。我们暂可以认为 MonoBehaviour 类将其一部分变量和方法借给 LearningCurve 类使用。在第 5 章"类、结构体和 OOP"中，将通过实践详细介绍类的继承。

常用的 Start( )和 Update( )方法都属于 MonoBehavior 类，Unity 会在任何附加到 GameObject 的脚本上自动运行它们。当场景开始运行时，Start( )方法执行一次；而 Update( )方法每帧执行一次(取决于计算机的帧率)。

至此，我们已对 Unity 文档的熟悉程度有了很大的提高，下面尝试一个简单的可选挑战！

勇者的试炼———Scripting API 中的 MonoBehavior

现在是时候尝试独自使用 Unity 文档了，还有什么比查找一些常见的 MonoBehavior 方法更好的方式呢？

- 尝试在 Scripting API 中搜索 Start( )和 Update( )方法，了解它们是何时以及如何在 Unity 中发挥功能的。
- 还可以更进一步，查看手册中的 MonoBehavior 类，以获得更详细的说明。

在更深入地进行 C#编程之前，我们需要在本章最后讲解一个至关重要的知识点，那就是类之间的通信。

2.6 类之间的通信

到目前为止，我们将类以及作为其拓展的 Unity 组件描述为独立的实体。但实际上，它们之间有着紧密的联系。在不涉及类之间的交互或通信的前提下，创建任何有价值的软件应用程序都是极其困难的。

如果还记得之前邮局的例子，就会知道示例代码中使用英文句点来引用类、变量和方法。如果将类视为信息目录，那么点表示法(Dot Notation)便是索引工具：

```
PostOffice.Address
```

可以通过点表示法访问类中的任何变量、方法或其他数据类型。它同样适用于嵌套信息或子类信息，我们会在第 5 章"类、结构体和 OOP"中提及这些知识点。

点表示法同样也是类与类之间通信的实现手段。每当一个类需要有关另一个类的信息或想要执行其中的方法时，都可以使用点表示法：

```
PostOffice.DeliverMail()
```

注意:
在某些文档中，点符号有时也被称为(.)运算符。

如果尚未熟悉点表示法也不用担心，你一定会慢慢习惯它。点表示法如同整个程序躯干中的血液，在被需要的地方承载着信息和上下文。

2.7　本章小结

短短几页中我们取得了巨大的进步，了解基本概念(例如变量、方法和类)的理论将为我们打下坚实的基础。请记住，这些编程的构成要素在现实世界中都有非常真实的参照物。变量存储值，如同邮箱保管信件；方法如同配方，存储指令，以便我们遵循这些指令以获得预定的结果；类是蓝图，就像真实的建筑蓝图一样，如果希望建造的房屋结实坚固，就不能遵循一个没有经过深思熟虑的设计方案。

本书接下来将带你从零开始深入学习 C#语法，在第 3 章中将详细介绍如何创建变量、管理值的数据类型以及使用一些简单或复杂的方法。

2.8　小测验——C#的构成要素

1. 变量的主要用途是什么？
2. 方法在脚本中起什么作用？
3. 脚本如何成为组件？
4. 点表示法的作用是什么？

第 *3* 章
深入研究变量、类型和方法

　　人们在接触任何一种编程语言的初期，常会被一个问题所困扰——我们往往认识敲入的单词，但是却不能理解其背后的含义。这种情况若发生在其他领域，一定会让人困惑不解，但对于编程却是一个特例。

　　C#语言并非其自身独有的一种语言，它依旧使用英语来表达，只不过，与我们平时说话所使用的词句不同的是，我们在 Visual Studio 中编写的代码缺省了很多上下文关系。你或许知道如何拼写 C#代码中的每一个单词，但却不知道应该何处、何时以及为何使用它们，更关键的是，不知道如何使它们构成 C#语言的语法，这些便是我们要重新学习的。

　　从本章开始，我们将从编程的理论出发，进入实际编写代码的旅程。本章会谈及能被 C#认可的编码规范、调试技巧，以及综合应用一些较复杂的有关变量和方法的示例。本章的内容较多，但当你顺利完成了本章最后一个小测试时，就不会再对下面这些高级话题感到陌生。

本章重点：

- 编写符合规范的 C#代码
- 如何对代码进行调试
- 如何声明变量
- 使用访问修饰符
- 理解变量的作用域
- 学会使用"方法"

- 熟悉常用的 Unity 方法

3.1 编写符合规范的 C#代码

每个代码行就像一句话，意味着它们也需要一些标点符号来标志分隔或结束。在 C#中，我们将代码行称为语句，并且必须在语句的结尾加上用来表示结束的分号 ";"，这样做便于代码编译器逐句处理代码。

但要注意的是，C#的语句从格式上来说并不严格要求位于同一行上，代码编译器在编译时会忽略其中的空格和换行。举个简单的例子，一个用来声明变量的语句我们可以这样编写：

```
public int firstName = "Harrison";
```

同一句话，还可以这样编写：

```
public
int
firstName
=
"Harrison";
```

提示:
有时也会遇到一个语句太长，无法合理地放置在同一行上的情况。尽管这种情况比较少见，且一旦出现也会相距较远，但当我们遇到这种情况时，只需确保在易于阅读的前提下对语句进行适当的换行即可。当然，千万别忘记语句末尾的分号。

这两种代码的写法都可以完美地被 Visual Studio 识别和接受，但显然第二种方式增加了阅读难度。作为业内习惯，通常不鼓励采用第二种方式。编写程序时应保证代码尽可能简洁、高效且清晰易读。

另一个需要记住并养成习惯的是要学会大括号(花括号)的用法。在声明方法、类或接口时，后面都要跟上一组成对的大括号。稍后我们会对它们逐一深入讲解，但最好尽早养成良好、规范的编程习惯。在传统的 C#编程规范中，通常是让每个大括号单独占一行，如下所示：

```
public void MethodName()
{

}
```

然而，如果在 Unity 编辑器中创建新的脚本或在线查看 Unity 相关文档，常会发现第一个大括号与声明处于同一行：

```
public void MethodName() {

}
```

以上两种风格之间的差异虽不至于让人抓狂，但切记要保持代码书写格式风格的一致。"纯粹的"C#代码格式会始终将每个大括号独立成行，而用于 Unity和游戏开发的 C#脚本却往往会遵循第二个示例的书写风格。

在开始学习编程时，学会并养成良好、一致的格式风格至关重要。当然，同样重要的还有要能看到代码运行的输出结果。下一节将介绍如何在 Unity Console 窗口中打印输出变量和信息。

3.2　调试代码

在处理实际示例时，需要通过一种方式将信息和反馈打印到 Unity 编辑器中的 **Console** 窗口。这在编程术语中称为调试(Debug)。C#和 Unity 都提供了许多辅助方法以便开发者能轻松地进行调试操作。此后，每当被要求进行调试或打印输出信息时，可以使用以下方法之一。

- 如果只是想输出简单的文本或单独的变量，可以使用标准的 **Debug.Log( )** 方法。文本需要被包含在一对双引号内(注意使用英文标点符号)，而变量可以直接使用，不需添加额外的字符。例如：

```
Debug.Log("Text goes here.");
```

```
Debug.Log(yourVariable);
```

- 对于更复杂一点的调试需求，可以使用 Debug.LogFormat( )方法。这个方法允许我们使用占位符来实现将变量放置在打印输出的文本中。占位符用一对里面包含了索引号的大括号作为标记。其中，索引号是一个数字，从 0 开始计数，按先后顺序依次递增 1。

例如，在下面的例子中，文本中占位符{0}的位置将被替换为该语句后方第一个变量 variable1 的值，{1}将被替换为第二个变量 variable2 的值，以此类推：

```
Debug.LogFormat("Text goes here, add {0} and {1} as variable
    placeholders", variable1, variable2);
```

你或许已经注意到上面的两个调试示例语句中都使用了点表示法。Debug 是我们使用的类的名称，而 Log( )和 LogFormat( )是从该类中调用的两个不同的方法。在本章的后面部分会有更多关于这方面的讲解。

在调试这个有力工具的辅助下，我们可以继续更深入地研究如何声明变量，以及 C#中还有哪些其他不同的语法和句式。

3.3　声明变量

在第 2 章中，我们了解了如何编写变量，并对变量提供的高级功能略有涉足。然而，我们仍然对能使它们发挥作用的句法结构知之甚少。要知道，变量并不只是出现在一个 C#脚本的顶部，对它们的声明还必须遵循特定的规则和要求。一个最基本的变量声明语句需要满足以下几点：

- 必须指定变量将存储的数据类型。
- 变量必须有一个唯一的名称。
- 如果在声明变量的同时需要赋值，则该值必须匹配前面指定的数据类型。
- 声明变量语句同样需要以分号作为结尾。

遵循以上规则的句法结构如下所示：

```
dataType uniqueName = value;
```

注意:
变量的命名必须唯一且独一无二，以避免与 C#中默认已用的单词发生冲突，这些已经被 C#原生取用的单词称之为关键字。有关受保护的关键字的完整列表可访问：https://docs.microsoft.com/en-us/dotnet/csharp/language-reference/keywords/index。

上面的句法看起来很简单、整洁且高效，然而对于一种编程语言，如果像创建变量这么寻常的事却仅有一种方式来实现，那么从长远来看就显得不够实用。在编写复杂的应用和游戏时难免会遇到一些特殊情况，因此 C#针对不同情况有不同的句法。

3.3.1 同时声明类型和值

在拥有了所有必需的信息后创建变量是最常见的一种情况。例如，如果已经知道了一个玩家的年龄，那么此时创建一个变量来存储它将会非常容易：

```
int currentAge = 32;
```

仅需这样的一句，便满足了声明变量时的所有基本要求：

- 为变量指定了一个数据类型，在这里该类型为 int，即英文 integer(整数)的缩写。
- 使用了唯一的名称"currentAge"为变量命名。
- 32 是个整数，与变量指定的数据类型相匹配。
- 该语句以分号结尾。

但有时，声明变量的当下并不知道它的值，接下来让我们一起看看这种情况下应该怎么做。

3.3.2 仅声明类型

下面考虑另一种情况：已知变量的数据类型和名称，但暂时还不知道它的值。该值将在其他地方计算和分配，但我们仍需要在脚本顶部声明该变量。

此时，使用仅声明类型的句法再适合不过了：

```
int currentAge;
```

这个语句尽管只定义了变量的数据类型(int)和变量名称(currentAge)，由于遵循了声明变量的基本要求，该语句依然成立且有效。值得注意的是，在没有为变量赋值时，C#会根据变量的数据类型为其赋予默认值。在这个例子中，由于变量 currentAge 的数据类型是 int，因此将被赋予默认值 0。当有确切的值可用时，便可以轻松地通过引用该变量名，在一条语句中为其赋值：

```
currentAge = 32;
```

注意：
要查看 C#语言支持的数据类型及其对应的默认值，可访问：
https://docs.microsoft.com/en-us/dotnet/csharp/language-reference/builtin-types/default-values。

至此，你可能会好奇声明的变量为什么与之前的脚本示例中所演示的不同，没有包含被统称为访问修饰符的 public 关键字。这是因为在那时我们还不具备能够清楚诠释访问修饰符所必需的基础知识，但现在，既然我们已经有了一定的基础，是时候对其有所了解了。

3.4　使用访问修饰符

既然基本语法已不再是个谜，就让我们深入探讨变量声明语句的更多细节。鉴于我们按照从左至右的顺序阅读代码，因此理所当然地，我们从通常最先出现的关键字，即访问修饰符，来开始对变量的深入研究。

快速回顾一下我们在第 2 章 LearningCurve 脚本中使用的变量，会发现在变量声明语句的前面有一个额外的关键字：public。它便是该变量的访问修饰符，可以将其视为一种安全级别设置，用于确定哪些对象可以访问该变量的信息。

注意:

任何未标记为 public 的变量的访问修饰符将默认为 private，并且不会显示在 Unity 编辑器的 **Inspector** 面板中。

若加上访问修饰符，本章开头时介绍的声明变量语法将更新为:

```
accessModifier dataType uniqueName = value;
```

虽然在声明变量时标明访问修饰符不是必需的，但对新手来说，这是一个好习惯。善用访问修饰符对提升代码的可读性和专业性大有帮助。

选择安全级别

C#中有 4 个主要的访问修饰符，初学者经常使用的两个如下。

- **public**: 公共变量，任何脚本都可以不受限制地访问和使用该变量。
- **private**: 私有变量，仅在创建了它们的类(称为所属类)内部可用。任何没有访问修饰符的变量都默认为私有变量。

另外两个高级修饰符具有以下特点。

- **protected**: 受保护变量，可在其所属类或派生类中访问该变量。
- **internal**: 内部变量，仅在当前程序集中可用。

以上每个访问修饰符都有其特定的用例，但是在讨论更高级的内容之前，先不必考虑 protected 和 internal 这两个修饰符。

注意:

还存在组合两个修饰符的情况，但本书不会涉及。更多信息可访问: https://docs.microsoft.com/en-us/dotnet/csharp/language-reference/ keywords/access-modifiers。

下面介绍如何设置访问修饰符!

实践——将变量设置为私有

就像现实生活中的信息一样，某些数据需要被保护或与特定人员共享。若某个变量不需要在 Unity 编辑器的 **Inspector** 面板中进行更改，或不需要从其他脚本中访问，那么给它加上私有访问修饰符 private 便是个理想的选择。

执行以下步骤更新 LearningCurve 脚本。

(1) 将 currentAge 前面的访问修饰符从 public 更改为 private 并保存。

(2) 返回 Unity 编辑器，选择"**Main Camera**"，然后查看 **Inspector** 面板中"LearningCurve"部分有什么变化。

由于 currentAge 现在是私有的，因此该变量在 **Inspector** 面板中不再可见，只能在 LearningCurve 脚本中访问，如图 3-1 所示。如果单击 **Play** 按钮，该脚本仍将像之前一样正常运行。

图 3-1

这是研究变量的一个很好的起点，但我们仍需更多地了解变量可以存储哪些类型的数据。这便需要聊一聊数据类型，相关内容将在下一节中介绍。

3.5　了解数据类型

为变量分配特定的数据类型是一个重要的抉择，它贯穿于变量在其整个生命周期中的每一次交互。由于 C#是所谓的"强类型"或"类型安全"的语言，因此每个变量都必须具有指定的数据类型。这意味着在对某种数据类型执行操作或进行类型转换时，必须遵循一些规则和要求。

3.5.1　通用内置类型

C#中的所有数据类型都源于(在编程术语中称为"派生自")一个共同的祖先 System.Object。这种称为通用类型系统(Common Type System，CTS)的层次结构意味着在不同的类型间有许多功能可以共享。图 3-2 列出了一些最常见的数据类型及其能够存储的值。

类型	变量可存储的内容
int(整型)	整数，如 3
float(浮点型)	具有小数点的数，如 3.14
string(字符串型)	用英文双引号括起来的字符，如"Watch me go now"
bool(布尔型)	true 或 false 二者之一

图 3-2

除了指定变量可以存储的值的类型外，类型自身还包含了有关它们自身的一些附加信息，比如：

- 所需的存储空间
- 最大值和最小值
- 允许执行的操作或运算
- 在内存中的位置
- 访问方法
- 基本(派生)类型

如果以上让你感觉有压力，请先放轻松，不必紧张。使用 C#提供的所有类型时，最好多参考文档，而不要死记硬背。很快，即使使用最复杂的自定义类型，你也会感觉自然而然。

注意:

若想了解所有 C#内置类型及其规范的完整列表，可访问：https://docs.microsoft.com/en-us/dotnet/csharp/programming-guide/types/index。

为了避免被类型列表难住，最好的方式便是实践。毕竟，学习新事物的最好方法是使用它、解构它，然后尝试修复它。

实践——使用不同的类型

打开 LearningCurve 脚本，根据图 3-2 中的"通用内置类型"类型列表，为每种类型添加一个新变量。该复量的名称和值由你来决定，但务必确保将其标记为 public，以便可以在 **Inspector** 面板中看到它们。如果仍需要一点提示，可以参考图 3-3 中的代码。

```
1    □using System.Collections;
2     using System.Collections.Generic;
3     using UnityEngine;
4
5    □public class LearningCurve : MonoBehaviour
6     {
7         // Integer variables
8         private int currentAge = 30;
9         public int addedAge = 1;
10
11        public float pi = 3.14f;
12        public string firstName = "Harrison";
13        public bool isAuthor = true;
14
15        // Start is called before the first frame update
16        void Start()
17        {
18            ComputeAge();
19        }
20
21        // Update is called once per frame
22        void Update()
23        {
24
25        }
26
27        /// <summary>
28        /// Computes a modified age integer
29        /// </summary>
30        void ComputeAge()
31        {
32            Debug.Log(currentAge + addedAge);
33        }
34    }
35
```

图 3-3

注意:

在处理字符串类型时，实际的文本值必须在一对英文(半角)双引号
内，而浮点值则必须以小写的 f 结尾，如图 3-3 中的 pi 和 firstName
所示。

现在所有不同的变量类型都是可见的。请留意，bool 类型的变量在 Unity
中显示为复选框的形式(选中为 true，取消选中为 false)，如图 3-4 所示。

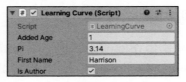

图 3-4

在学习类型转换之前，需要介绍一个针对字符串数据类型的功能强大的应用，即创建可随意插入变量的字符串。

实践——创建内插字符串

数字类型的使用与我们从小学习的数学中的一致，但字符串却是另一回事。可以通过以$字符开头的方式，将变量和实际值直接插入文本，这称为字符串插值(string interpolation)。如同使用 LogFormat( )方法一样，被插入的值将添加到花括号内。下面在 LearningCurve 脚本中创建一个简单的内插字符串。

在调用 ComputeAge( )方法之后，会立即输出 Start( )方法内部的内插字符串，如图 3-5 所示。

```
// Start is called before the first frame update
void Start()
{
    ComputeAge();

    Debug.Log($"A string can have variables like {firstName} inserted directly!");
}
```

图 3-5

多亏了花括号，得以将 firstName 变量的值在内插字符串内打印输出，如图 3-6 所示。

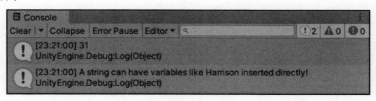

图 3-6

也可以使用+运算符创建内插字符串，将在学习类型转换之后介绍它。

3.5.2　类型转换

我们已经看到，变量只能保存其声明类型的值，但是在某些情况下，还需要组合不同类型的变量。在编程术语中，这称为转换。转换有两种主要形式：

隐式转换和显式转换。

- **隐式转换**是自动进行的，通常在一个较小的值适配另一个变量类型而无须四舍五入的情况下发生。例如，任何整数都可以隐式转换为 double 或 float，而无须其他代码：

```
float implicitConversion = 3;
```

- 若在类型转换时存在可能会丢失变量信息的风险，则需要进行**显式转换**。例如，如果想将 double 转换为 int，则必须在要转换的值前面通过在括号中添加目标类型的方式来显式转换它。这相当于告诉编译器我们知道数据(或精度)可能会丢失。

  在此显式转换中，3.14 将四舍五入为 3，丢失了小数部分：

```
int explicitConversion = (int)3.14;
```

注意：
C#提供了用于将值显式转换为通用类型的内置方法。例如，可以使用 ToString( )方法将任何类型转换为字符串值，而 Convert 类可以处理更复杂的转换。有关这些功能的更多信息可查看文档的 "Methods" 部分：https://docs.microsoft.com/en-us/dotnet/api/system.convert?view=netframework-4.7.2。

到目前为止，我们已经学习了有关类型交互、操作和转换的规则，但是该如何处理需要存储未知类型变量的情况呢？这或许有点令人头痛，但请考虑一下数据下载的应用场景，我们知道信息正在流入，但是并不确定它是以何种形式流入的。我们将在下一节中学习如何处理此问题。

3.5.3 推断式声明

幸运的是，C#可以根据赋值推断出变量的类型。例如，var 关键字可以让程序知道变量 currentAge 的数据类型需要由其赋值 32 来决定，因此应该是整数类型：

```
var currentAge = 32;
```

提示:
尽管在某些情况下这很方便，但不要养成对所有变量都使用推断变量声明的懒惰编程习惯。这会给本应很清晰的代码增加很多不必要的猜测。

在结束关于数据类型和转换的学习之前，还应该简要了解一下创建自定义类型的思路，接下来将对其进行介绍。

3.5.4　自定义类型

当谈及数据类型时，要尽早了解变量可以存储的值不仅仅只有数字和单词(称为字面值)。诸如类、结构或枚举也都可以存储为变量。我们将在第 5 章"类、结构体和 OOP"中介绍这些主题，并在第 10 章"再谈类型、方法和类"中进一步探索其中的细节。

3.5.5　类型综述

类型很复杂，熟悉它们唯一的方法就是使用它们。但是，请记住以下重要事项:

- 所有变量都必须具有指定的类型(显式或推断式的)。
- 变量只能保存其指定类型的值(不能将字符串赋给 int)。
- 每种类型都有一套它可以应用和不能应用的操作(不能从一个值中减去布尔值)。
- 如果需要用其他类型的变量赋值或与之组合的话，则需要进行转换(隐式或显式)。
- C#编译器可以使用 var 关键字从变量的值推断出变量的类型，但仅应在创建类型未知的变量时使用。

上面将前几节中的一些细节进行了汇总，但是这并没有结束。我们仍然需要了解命名约定在 C#中的工作方式，以及变量在脚本中的地位。

3.6   命名变量

根据我们对访问修饰符和类型的了解，为变量命名似乎是事后产生的想法，但这并不意味着它微不足道。清晰一致的命名约定不仅可以使代码更具可读性，还可以确保团队中的其他开发人员无须询问就能理解代码编写者的意图。

最佳实践

命名变量的第一条规则是命名应该有意义。第二条规则是使用驼峰式命名法。举游戏中的一个常见例子，声明一个变量来存储玩家的生命值状况:

```
public int health = 100;
```

如果发现用上面类似的命名方式声明了变量，应在脑中敲响警钟。这是谁的生命值? 它存储的是最大值还是最小值? 当该值更改时，还会影响哪些代码? 这些都是应该通过有意义的变量名轻松回答的问题。没有人希望在一周或一个月后发现看不懂自己的代码。

既然如此，下面就尝试使用驼峰式命名法来优化它:

```
public int maxHealth = 100;
```

注意:
请记住，驼峰式命名法总是以小写字母开头，之后其他每个单词首字母大写。驼峰式命名法同时也将变量名和类名清楚地区分开来，因为类名总是以大写字母开头。

现在好多了。在稍加思考后，我们使用变量的含义和上下文更新了变量名。由于变量名的长度没有技术上的限制，因此有时可能会发现自己太过头了，写出了可笑的描述性名称，这和过于简略的、非描述性的命名一样会带来问题。

通常，命名所具备的描述性应根据需要而定，不宜太繁琐也不宜过简单。找到自己的风格并坚持下去即可。

3.7　了解变量的作用域

我们即将结束对变量的深入研究，但仍然需要讨论一个更重要的主题：作用域。与访问修饰符用于确定哪些外部类可以获取变量的信息类似，变量的作用域用于描述给定变量在包含它的类中的存在位置及访问点。

C#中的变量作用域主要分为三个级别：

- **全局**作用域是指变量可以由整个程序(游戏)访问。C#并不直接支持全局变量，但是该概念在某些情况下很有用，具体将在第 10 章 "再谈类型、方法和类" 中进行介绍。
- **类**或**成员**作用域是指变量可在其所属类中的任何位置被访问。
- **局部**作用域是指变量只能在创建该变量的特定代码块内部进行访问。

图 3-7 将三种作用域可视化。无须将图中的代码添加到 LearningCurve 脚本中，这里仅用于展示。

注意:

当谈论代码块时，指的是任意一组花括号内的区域。这些花括号用作编程中的一种视觉层次结构。它们向右缩进得越远，代表它们在类中的嵌套就越深。

下面解构一下图 3-7 中的类和局部作用域变量。

```
 4
 5   public class LearningCurve : MonoBehaviour
 6   {
 7       public string characterClass = "Ranger";          ◄───── 类作用域
 8
 9       // Use this for initialization
10       void Start ()
11       {
12           int characterHealth = 100;                     ◄───── 局部作用域 1
13           Debug.Log(characterClass + " - HP: " + characterHealth);
14       }
15
16       void CreateCharacter()
17       {
18           int characterName = "Aragorn";                 ◄───── 局部作用域 2
19           Debug.Log(characterName + " - " + characterClass);
20       }
21   }
22
```

图 3-7

- characterClass 在类的顶部声明，这意味着可以在 LearningCurve 脚本中的任何位置通过名称对其进行引用。你或许听说此概念也称为变量可见性，这也是一种理解它的好方法。
- characterHealth 在 Start( )方法内声明，这意味着它仅在该代码块内可见。我们仍然可以自由地从 Start( )访问 characterHealth，但是如果尝试从 Start( )以外的任何地方访问 characterHealth，则会收到错误消息。
- characterName 与 characterHealth 情况相似，只能从 CreateCharacter( )方法访问它。该例只是为了说明在一个类中可以有多个甚至嵌套的局部作用域。

如果花足够的时间与程序员交流，就会听到有关变量的最佳声明位置的讨论(有时是争论)。而答案却比想象的要简单：变量应该根据它们的作用来声明。如果变量需要在整个类中被访问，请将其声明为类变量。如果仅在代码的特定部分中需要，则应将其声明为局部变量。

注意:
注意，在 **Inspector** 面板中只能查看类变量，不能查看局部变量或全局变量。

有了命名和作用域这两大利器，接下来我们将回到中学数学课堂，重新学习算术运算的工作原理！

3.8　运算符

编程语言中的运算符符号代表类型可以执行的算术、赋值、关系和逻辑等功能。算术运算符代表基本的数学运算，而赋值运算符用于对给定值同时执行数学和赋值运算。关系和逻辑运算符用于评估多个值之间的条件，例如大于、小于和等于。

注意：
C#还提供位运算符等其他运算符，但是在完全熟悉创建更复杂的应用程序之前，这些运算符不会被用到。

在目前阶段，仅介绍算术和赋值运算符已经足够。但在第 4 章中，我们将讨论关系和逻辑运算符。

算术和赋值

我们已经对算术运算符非常熟悉了：

- +，代表加法
- -，代表减法
- /，代表除法
- *，代表乘法

C#运算符遵循常规的运算顺序，即先计算括号，然后计算指数，然后乘法，再除法，然后加法，最后是减法。例如，即使下面的算式包含相同的值和运算符，它们也会得到不同的结果：

```
5 + 4 - 3 / 2 * 1 = 8
5 + (4 - 3) / 2 * 1 = 5
```

注意：
运算符应用于变量时，其工作方式与字面值相同。

通过将算术运算符和等号一并使用，赋值运算符可以用作任何数学运算的简写替换。例如，如果想对一个变量做乘法，以下两种方式将产生相同的结果：

```
int currentAge = 32;
currentAge = currentAge * 2;
```

第二种方法如下：

```
int currentAge = 32;
currentAge *= 2;
```

注意:
在 C#中,等号也被视为赋值运算符。其他赋值符号遵循与前面的乘法示例相同的语法: +=、 -=和/=分别用于加法赋值、减法赋值以及除法赋值。

对于运算符,字符串是一种特殊情况,因为它们可以使用加号来拼接文本,如下所示:

```
string fullName = "Joe" + "Smith";
```

提示:
这种方法往往会产生臃肿笨拙的代码,在大多数情况下,字符串插值是拼接文本的首选方法。

至此,我们学习了变量类型的一些规则,这些规则管控着它们可以进行何种操作和交互。但还没有实践,因此接下来将对其进行实战尝试。

实践——执行错误的类型操作

做一个小实验:试着把字符串和浮点变量相乘,就像之前对数字所做的那样,如图 3-8 所示。

```
// Start is called before the first frame update
void Start()
{
    ComputeAge();

    Debug.Log($"A string can have variables like {firstName} inserted directly!");

    Debug.Log(firstName * pi);
}
```

图 3-8

查看 **Console** 窗口,会看到一条如图 3-9 所示的错误消息,告知无法对字符串和浮点数进行乘法运算。每当看到这种类型的错误时,请返回并检查变量类型的兼容性。

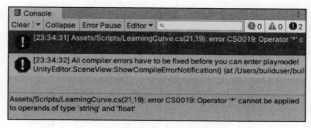

图 3-9

因为编译器此时不允许我们运行游戏，所以需要纠正这个示例目前存在的错误。可以选择在第 21 行的 Debug.Log( )前加一对反斜杠(∥)，或将该行完全删除。

目前，就我们需要处理的变量和类型而言，这已经足够了。在继续之前，请务必在本章的小测验中检验一下自己！

3.9　定义方法

第 2 章简要介绍了方法在程序中的作用，它们存储和执行指令，就像变量存储值一样。现在，我们需要了解声明方法的语法，以及它们如何在类中驱动动作和行为。

3.9.1　基本语法

与变量一样，方法声明也有基本要求，如下所示：
- 方法返回的数据类型。
- 唯一名称，且以大写字母开头。
- 方法名后要紧跟一对圆括号。
- 用一对花括号标记方法体(具体指令的存放位置)。

将所有这些规则放在一起，便得到一个简单的声明方法的蓝图：

```
returnType UniqueName()
{
```

```
    method body
}
```

作为一个实际示例，下面对图 3-10 所示的 LearningCurve 脚本中默认的
Start( )方法进行解构。

```
13      // Use this for initialization
14      void Start ()
15      {
16          |
17      }
```

图 3-10

从上图可以观察到以下内容。

- 该方法以 void 关键字开头，当一个方法不返回任何数据时，可以使用
  void 关键字作为该方法的返回类型。
- 该方法具有唯一的名称。
- 该方法名称后紧跟一对圆括号，用于保存任何可能的参数。
- 方法体由一对花括号定义。

提示：
通常，如果方法的方法体为空，最好将其从类中删除。我们希望脚
本代码尽可能精简。

如同变量，方法也具有安全级别。除此以外，方法还可以具有输入参数，
接下来将具体学习这些内容！

3.9.2　修饰符和参数

与变量和输入参数一样，方法也有相同的 4 个访问修饰符。参数是变量的
占位符，可以将其传递到方法中并在方法内部进行访问。输入参数在数量上没
有限制，但是每个参数间都需要用逗号分隔，且具备其数据类型，并具有唯一
的名称。

提示：
可以将方法参数视为变量占位符，其值可以在方法体内使用。

结合以上内容，可将方法的蓝图更新如下：

```
accessModifier returnType UniqueName(parameterType parameterName)
{
    method body
}
```

注意：

如果没有显式访问修饰符，则该方法默认为 private。与私有变量一样，私有方法不能从其他脚本中调用。

要调用方法(即运行或执行其指令)，我们只需使用其名称，后接一对带或不带参数的圆括号，并以分号结尾：

```
// Without parameters
UniqueName();

// With parameters
UniqueName(parameterVariable);
```

注意：

如同变量，每个方法都有一个描述其访问级别、返回类型和参数的指纹，这称为方法签名。本质上，方法签名是该方法在编译器中的唯一标记，以便 Visual Studio 知道如何处理该方法。

了解了如何构造一个方法，下面让我们创建一个吧。

实践——定义一个简单的方法

在第2章的"实践"中，有一步是在不了解所学内容的情况下，盲目地将一个名为 AddNumbers 的方法复制到 LearningCurve 脚本中。这次，我们将有目的地创建一个方法，如图 3-11 所示。

(1) 声明一个返回类型的 void 的 public 方法，称为 GenerateCharacter( )。

(2) 为其方法体内添加一个简单的 Debug.Log( )方法，用来打印喜欢的游戏或电影中的角色名称。

(3) 在 Start( )方法内调用 GenerateCharacter( )并单击 Play。

```
// Use this for initialization
void Start ()
{
    GenerateCharacter();
}

public void GenerateCharacter()
{
    Debug.Log("Character: Spike");
}
```

图 3-11

游戏启动时，Unity 会自动调用 Start( )方法，而 Start( )方法又会调用 GenerateCharacter( )方法并将其打印输出到 **Console** 面板。

注意:

如果阅读了足够的文档，将看到与方法有关的不同术语。在本书的 其余部分，当创建或声明方法时，将其称为定义方法。同样，运行 或执行方法时，将其称为调用该方法。

命名是整个编程领域不可或缺的一部分，因此在继续讨论之前，可以重新 审视一下方法的命名约定。

1. 命名约定

像变量一样，方法也需要唯一、有意义的名称，以便在代码中进行区分。 方法驱动行为，在命名时应该记住这一点。例如，GenerateCharacter( )方法听起 来就像一条命令，当在脚本中调用它时便很好理解，而诸如 Summary( )之类的 名称则平淡无奇，并不能清晰地描绘出该方法的作用。

方法总是以大写字母开头，并将之后每个单词的首字母大写。这称为帕斯 卡命名法(PascalCase)，它是变量所使用的驼峰命名法(CamelCase)的同胞。

2. 方法是逻辑上的绕行道

我们已经看到，代码行按其编写顺序依次执行，但是引入方法带来了一种 独特的情况。调用某个方法时会告诉程序绕行进入该方法的指令，并逐一运行 这些指令，然后在调用该方法的地方恢复顺序执行。

查看图 3-12，看看是否可以确定调试日志将以什么顺序打印到控制台。

```
13      // Use this for initialization
14      void Start ()
15      {
16          Debug.Log("Choose a character.");
17          GenerateCharacter();
18          Debug.Log("A fine choice.");|
19      }
20
21      public void GenerateCharacter()
22      {
23          Debug.Log("Character: Spike");
24      }
```

图 3-12

下面是代码运行的顺序:

(1) "Choose a character"将首先打印出来, 因为它是代码的第一行, 如图 3-13 所示。

(2) 调用 GenerateCharacter( )方法时, 程序跳至第 23 行, 打印"Character: Spike", 然后回到第 17 行继续执行。

(3) 在 GenerateCharacter( )中的所有行都运行结束之后, 打印输出"A fine choice"。

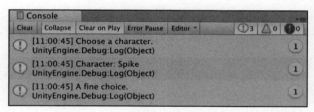

图 3-13

若无法向方法传递参数值, 那么方法本身除了实现上述等一些简单功能之外没有太大用处。接下来将学习如何使用参数。

3.10 指定参数

方法不可能总是像 GenerateCharacter( )方法这么简单。要传递额外的信息, 就需要定义方法可以接受和使用的参数。方法的每个参数都是一条指令, 并且

需要具备以下两个条件:

- 显式的类型
- 唯一的名称

这是不是很熟悉? 其实, 方法的参数本质上是简化的变量声明, 并且它们执行相同的功能。每个参数的作用就像一个局部变量, 只能在其特定方法的内部访问。

注意:

可以根据需要定义任意数量的参数。无论是编写自定义方法还是使用内置方法, 所定义的参数都是方法执行指定任务所必须的。

形式参数(简称形参)是方法可以接收值的类型的蓝图, 而实际参数(简称实参)则就是值本身。为了进一步解构和说明, 请思考以下几点:

- 传递给方法的实参需要与形参的类型匹配, 就像变量的类型与其值一样。
- 实参可以是字面值(如数字 2), 也可以是在类中其他位置声明的变量。

注意:

编译时并不需要实参名称和形参名称相匹配。

现在, 让我们继续添加一些方法参数, 以使 GenerateCharacter( )方法更有趣。

实践——添加方法参数

更新 GenerateCharacter( )方法, 使它可以接受两个参数, 如图 3-14 所示。

(1) 添加两个参数: 一个是字符串类型的角色名称, 另一个是整型类型的角色级别。

(2) 更新 Debug.Log( ), 使其可以使用这些新参数。

(3) 使用自定义的实参更新 Start( )方法中的 GenerateCharacter( )方法调用, 该实参可以是字面值或声明的变量。

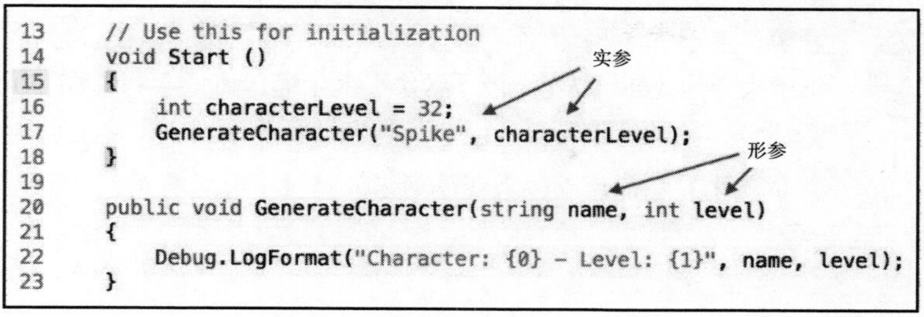

```
13      // Use this for initialization
14      void Start ()
15      {
16          int characterLevel = 32;
17          GenerateCharacter("Spike", characterLevel);
18      }
19
20      public void GenerateCharacter(string name, int level)
21      {
22          Debug.LogFormat("Character: {0} - Level: {1}", name, level);
23      }
```
实参

形参

图 3-14

在这里定义了两个参数，分别是 name(字符串)和 level(整型)，并在 Generate-Character( )方法中使用了它们，就像使用局部变量一样。当我们在 Start( )内部调用 GenerateCharacter( )方法时，为具有相应类型的每个形参添加了实参值。在图 3-14 中，在引号中使用字符串与使用 characterLevel 产生的结果相同，如图 3-15 所示。

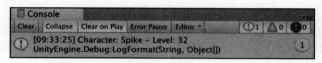

图 3-15

我们将进一步讲解方法，你也许想知道如何从方法内部传出值。为了回答这个问题，接下来进入有关返回值的部分。

3.11　指定返回值

除了接受参数，方法还可以返回任何 C#类型的值。前面的所有示例都使用了 void 类型，该类型不返回任何内容，但是方法的亮点正在于能够通过编写指令传回计算结果。

根据方法的蓝图，方法返回值的类型在其访问修饰符之后指定。除了指定类型外，该方法还需要包含 return 关键字和返回值。返回值可以是变量、字面值，甚至是表达式，只要与声明的返回类型匹配即可。

注意:
返回类型为 void 的方法仍可以使用未分配任何值或表达式的 return 关键字。一旦到达带有 return 关键字的行，该方法将停止执行。这在要避免某些行为或防止程序崩溃的情况下非常有用。

给 GenerateCharacter( )方法添加一个返回类型，并学习如何通过变量来获取它。

实践——添加返回类型

更新 GenerateCharacter( )方法，使其能返回整数，如图 3-16 所示:
(1) 将方法声明中的返回类型从 void 更改为 int。
(2) 使用 return 关键字将返回值设置为 level + 5。

```
20      public int GenerateCharacter(string name, int level)
21      {
22          Debug.LogFormat("Character: {0} - Level: {1}", name, level);
23          return level + 5;
24      }
```

图 3-16

GenerateCharacter( )方法现在将返回一个整数，该整数通过对 level 参数加 5 计算得到。我们尚未指定如何或是否要使用此返回值，这意味着现在脚本不会执行任何新操作。

现在的问题是: 如何获取和使用新添加的返回值呢? 这就是我们接下来要解决的问题。

使用返回值

在使用返回值时，有如下两种可用的方法:
- 创建一个局部变量以获得(存储)返回值。
- 将调用方法本身视为返回值的替代，像使用变量一样使用它。调用方法是触发指令的实际代码行，在我们的示例中为 GenerateCharacter("Spike"，characterLevel)。如果需要，甚至可以将调用方法作为参数传递给另一个方法。

提示:

由于其可读性, 编程人员通常会首选第一种方式。将方法调用作为变量抛出会使代码变得混乱, 尤其是在将它们用作其他方法的参数时。

下面尝试在代码中获取和调试 GenerateCharacter( )方法的返回值。

实践——获取返回值

使用两条简单的调试日志来分别尝试获取和使用返回变量的两种方式, 如图 3-17 所示。

(1) 创建一个新的 int 类型的局部变量, 称为 nextSkillLevel, 并将 Generate-Character( )方法的返回值赋值给它。

(2) 添加两条调试日志, 第一条打印输出 nextSkillLevel, 第二条打印输出任意实参值的新调用方法。

(3) 用两个反斜杠(//)注释掉 GenerateCharacter( )内部的调试日志, 以避免控制台的输出内容混乱。

(4) 保存脚本, 然后在 Unity 中单击 **Play** 按钮运行。

```
13      // Use this for initialization
14      void Start ()
15      {
16          int characterLevel = 32;
17
18          int nextSkillLevel = GenerateCharacter("Spike", characterLevel);
19          Debug.Log(nextSkillLevel);
20          Debug.Log(GenerateCharacter("Faye", characterLevel));
21      }
22
23      public int GenerateCharacter(string name, int level)
24      {
25          //Debug.LogFormat("Character: {0} - Level: {1}", name, level);
26          return level + 5;
27      }
```

图 3-17

对编译器来说, nextSkillLevel 和 GenerateCharacter( )方法调用表示相同的信息, 即一个整数, 因此两条日志均显示数字 37, 如图 3-18 所示。

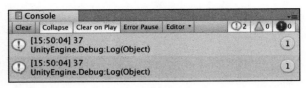

图 3-18

这部分内容需要一些时间去慢慢消化，尤其是很多时候方法既带有参数又带有返回值。没关系，接下来放松一下，了解一些 Unity 中最常见的方法。

勇者的试炼——将方法用作实参

如果已有足够的信心，可以尝试创建一个可以接受一个 int 参数并将其简单地输出到控制台的新方法，它不必返回类型。实现后，在 Start( )方法中调用该方法，将 GenerateCharacter( )方法调用作为实参传递给它，然后查看输出结果。

3.12　剖析常见的 Unity 方法

现在，可以切实地讨论 Start( )和 Update( )这两个方法了，它们是 Unity 中新建任何 C#脚本时最常见的默认方法。与自定义的方法不同，Unity 引擎会根据它们各自的规则自动调用属于 MonoBehaviour 类的方法。在大多数情况下，在脚本中至少要有一个 MonoBehaviour 方法来启动代码，这很重要。

注意：

有 关 MonoBehaviour 方 法 的 完 整 列 表 及 说 明 可 访 问：
https://docs.unity3d.com/ScriptReference/MonoBehaviour.html。

故事要从头说起，介绍方法也是一样。先来看看每个 Unity 脚本的第一个默认方法：Start( )。

3.12.1　Start( )方法

Unity 在启用脚本的第一帧时便调用此方法。由于 MonoBehaviour 脚本几乎总是附在场景中的 GameObject 上，因此当单击 **Play** 按钮时，GameObject 上附加的脚本会在加载的同时启用。在我们的项目中，LearningCurve 被附加到 **Main Camera** 的 GameObject 上，这意味着当 **Main Camera** 加载到场景中时，其 Start( )方法将运行。Start( )主要用于设置变量或执行首次运行 Update( )之前需要发生的逻辑。

注意:
到目前为止，尽管没有执行设置操作，我们使用的所有示例都使用了 Start( )方法，但这通常不是使用它的最佳方式。不过，因为 Start( )方法仅触发一次，所以它成为在 **Console** 面板上显示一次性信息的出色工具。

除 Start( )方法外，还有另一个主要的 Unity 方法会默认运行：Update( )。将在下一节中介绍它的工作方式。

3.12.2　Update( )方法

如果花点时间查看 Unity 参考脚本(Unity Scripting Reference)中的代码，就会发现，绝大多数代码都是使用 Update( )方法执行的。当游戏运行时，**Scene** 面板每秒刷新多次，这称为帧速率或每秒帧数(Frames Per Second，FPS)。每帧显示后，Update( )方法便由 Unity 调用。Update( )方法是游戏中执行最多的方法之一，这使其非常适合用来监测鼠标和键盘输入或运行游戏逻辑。

如果对计算机的 FPS 帧率感到好奇，请在 Unity 编辑器中单击 **Play** 按钮，然后单击 **Game** 视图面板右上角的 **Stats** 按钮，如图 3-19 所示。

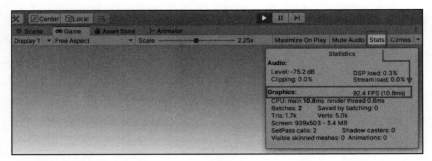

图 3-19

在编写 C#脚本的初期将大量使用 Start( )和 Update( )方法。因此，请熟悉它们。现在，我们已经到达了本章的结尾，掌握了充足的编程基本知识。

3.13   本章小结

本章内容从编程的构建要素和基本理论过渡到真实代码和 C#语法的快速基础入门。我们已经了解了代码编写格式上的优劣，学习了如何在 Unity 控制台中调试信息，并创建了我们的第一个变量。 紧随其后，我们学习了 C#类型、访问修饰符和变量作用域，以便能在 **Inspector** 面板中使用成员变量并开始涉足方法和操作。

方法有助于我们理解代码中的指令，但更重要的是，应掌握如何使用方法的强大能力实现各种有用的行为。输入参数、返回类型和方法签名都是重要的主题，它们带来的真正好处是使实现使新类型的操作变为可能。现在，我们已经掌握了编程的两个基本构建块，未来要做的几乎所有事情都是对这两个基本构建块的扩展或应用。

第 4 章将探究称为集合的 C#类型的特殊子集，它可以存储一组相关的数据，还将介绍如何编写基于决策的代码。

3.14　小测验——变量和方法

1. 用 C#编写变量名的正确方法是什么？
2. 如何使变量出现在 Unity 的 **Inspector** 面板中？
3. C#中可用的 4 种访问修饰符是什么？
4. 类型之间何时需要显式转换？
5. 定义方法的最低要求是什么？
6. 方法名称末尾的括号的作用是什么？
7. 在方法定义中，void 的返回类型意味着什么？
8. Unity 多久调用一次 Update( )方法？

第 *4* 章

控制流和集合类型

　　计算机的核心职责之一，是控制满足预设条件时可能发生的事。当我们双击一个文件夹，会希望将它打开；当在键盘上打字时，会希望文本反馈与击键一致。同样，为应用程序或游戏编写代码也不例外，它们都需要在一种状态下以某种方式运行，而当条件改变时又需要以另一种方式运行。在编程术语中，这称为控制流。这个描述很恰当，因为它控制着代码在不同情形中的执行流程。

　　除了使用控制语句外，我们还将动手查看集合数据类型。集合是一类允许将多个值和多组值存储在单个变量中的类型。这与常见的许多控制流应用场景密切相关。因此，自然而然地，会通过以下主题来对这些场景进行讨论。

本章重点：

- 选择语句
- 使用数组(Array)、字典(Dictionary)和列表(List)
- 使用 for、foreach、while 和 do-while 等循环语句实现迭代
- 使用 break、continue 和 return 关键字实现执行控制
- 解决无限循环的问题

4.1　选择语句

即便最复杂的编程问题通常也可以归结为游戏或程序对一系列简单选择的判断和执行。由于 Visual Studio 和 Unity 不能自己做出这些选择，所以这些决定取决于我们。

if-else 和 switch 这两个选择语句允许我们根据一个或多个条件，以及在每种情况下执行的操作来指定分支路径。一般，这些条件包括：

- 检测用户输入
- 运算表达式和布尔逻辑
- 比较变量或字面值

下面，我们将从条件语句中最简单的 if-else 语句开始介绍。

4.1.1　if-else 语句

if-else 语句是在代码中做出决策的最常见方式。抛开语法不讲，它的基本思路是，如果满足条件，就执行这块代码；如果不满足，就执行另一块代码块。可以将这些语句视为门，条件即为钥匙。要通过，钥匙必须有效，否则将拒绝进入，并将代码发送到下一个可能的门那里。让我们来看看声明其中一个门的语法。

1. 基本语法

一个有效的 if-else 语句需要满足以下几点要求：

- if 关键字位于行首
- 一对括号来存放条件
- 一段语句体：

```
if(condition is true)
    Execute this line of code
```

若语句体不止一行，则需要用一对花括号来容纳更大的代码块：

```
if(condition is true)
{
    Execute multiple lines
    of code
}
```

当 if 语句条件失败时，可以选择是否添加一个 else 语句来存放要执行的操作。上面的规则同样也适用于 else 语句：

```
else
    Execute single line of code

// OR

else
{
    Execute multiple lines
    of code
}
```

若用语句的蓝图来表达，它的语法几乎就像一句话：

```
if(condition is true)
{
    Execute this code
    block
}
else
{
    Execute this code
    block
}
```

这是对逻辑思维训练很好的介绍，至少在编程中是这样。我们将更详细地解构 3 种不同的 if-else 变体：

- 如果并不关心条件不满足时会发生什么，那么使用单个 if 语句即可。在图 4-1 的例子中，如果将 hasDungeonKey 设置为 true，则会输出调试日志；如果设置为 false，则不会执行任何代码。

```
5 public class LearningCurve : MonoBehaviour
6 {
7     public bool hasDungeonKey = true;
8
9     // Use this for initialization
10    void Start()
11    {
12        if(hasDungeonKey)
13        {
14            Debug.Log("You possess the sacred key - enter.");
15        }
16    }
17 }
```

图 4-1

注意：

当提到一个条件被满足时，意即其结果被评估为 true (真)，这通常被称为条件通过。

- 当无论条件为真还是假都需要采取行动的情况下，可以添加 else 语句，如图 4-2 所示。如果 hasDungeonKey 为 false，则 if 语句将失败，代码将跳转到 else 语句。

```
5 public class LearningCurve : MonoBehaviour
6 {
7     public bool hasDungeonKey = true;
8
9     // Use this for initialization
10    void Start()
11    {
12        if(hasDungeonKey)
13        {
14            Debug.Log("You possess the sacred key - enter.");
15        }
16        else
17        {
18            Debug.Log("You have not proved yourself worthy, warrior.");
19        }
20    }
21 }
```

图 4-2

- 对于需要有两个以上可能结果的情况，请添加带有括号、条件和花括号的 else-if 语句。对于这点，我们接下来通过实践来展示说明。

注意：

请记住，if 语句可以单独使用，但其他语句不能单独存在。

注意:

还可以使用基本数学运算创建更复杂的条件,例如#>#(大于)、<#(小于)、>=#(大于或等于)、<=#(小于或等于)和#==#(相等)。

例如,条件(2 > 3)将返回 false 并失败,而(2 < 3)条件将返回 true 并通过。

现在不要太担心除此之外的任何事情,我们很快就会接触到这些内容。

实践——窃贼的窥探

写一个 if-else 语句来检查角色口袋里的钱数,针对 3 种不同的情况输出不同的调试日志:大于 50、小于 15 和其他情况,如图 4-3 所示。

```
5 public class LearningCurve : MonoBehaviour
6 {
7     public int currentGold = 32;
8
9     // Use this for initialization
10     void Start()
11     {
12         if(currentGold > 50)
13         {
14             Debug.Log("You're rolling in it - beware of pickpockets.");
15         }
16         else if (currentGold < 15)
17         {
18             Debug.Log("Not much there to steal.");
19         }
20         else
21         {
22             Debug.Log("Looks like your purse is in the sweet spot.");
23         }
24     }
25 }
```

图 4-3

(1) 打开 LearningCurve 脚本并添加一个名为 currentGold 的新 int 变量。将其值设置在 1 到 100 之间。

(2) 声明一个 if 语句来检查 currentGold 是否大于 50,若为真,则向控制台打印一条消息。

(3) 添加 else-if 语句检查 currentGold 是否小于 15,并以不同的调试日志输出。

(4) 添加一个没有任何条件的 else 语句和一个最终的默认日志。

(5) 保存文件并单击 **Play** 按钮。

这里将 currentGold 设置为 32，可以将代码的执行顺序分解如下：

(1) 跳过 if 语句和调试日志，因为 currentGold 不大于 50。

(2) else-if 语句和调试日志也被跳过，因为 currentGold 不小于 15。

(3) 由于前面的条件都不满足，else 语句执行并输出显示第三个调试日志，输出结果如图 4-4 所示。

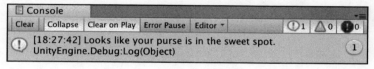

图 4-4

建议亲自尝试 currentGold 的其他一些值，接下来将介绍如果想要失败的条件该如何做。

2. 使用逻辑非运算符

实际情况中并不总是需要检查正面的或为真的条件，这时便要用到逻辑非运算符。逻辑非运算符用单个感叹号表示，允许检查 if 或 else-if 语句的满足条件为 false 的情况。这意味着以下两个条件是相同的：

```
if(variable == false)
// AND
if(!variable)
```

如我们所知，可以在 if 条件中检查布尔值、字面值或表达式。因此，逻辑非运算符也自然必须适应这些需求。看看图 4-5 中在 if 语句中两个不同负面值的例子：hasDungeonKey 和 WeaponType。

```
 5 public class LearningCurve : MonoBehaviour
 6 {
 7     public bool hasDungeonKey = false;
 8     public string weaponType = "Arcane Staff";
 9
10     // Use this for initialization
11     void Start()
12     {
13         if(!hasDungeonKey)
14         {
15             Debug.Log("You may not enter without the sacred key.");
16         }
17
18         if(weaponType != "Longsword")
19         {
20             Debug.Log("You don't appear to have the right type of weapon...");
21         }
22     }
23 }
```

图 4-5

可以按如下方式评估每条语句。

● 第一条 if 语句可以解释为：如果 hasDungeonKey 为 false，则 if 语句的
  计算结果为 true 并执行其代码块。

提示：
若不明白一个 false 的值如何计算为 true，可以这样想：if 语句不是
检查值是否为真，而是检查表达式本身是否为真。hasDungeonKey 可
能设置为 false，但这正是需要检查的结果，因此在 if 条件的上下文
中它为 true。

● 第二条 if 语句可以解释为：如果 weaponType 的字符串值不是 Longsword，
  则执行此代码块。

可以在图 4-6 中看到调试结果。但如果仍感到困惑不解，请将前面的代
码复制到 LearningCurve 脚本中，并反复改变这些变量值来测试，直到弄明白
为止。

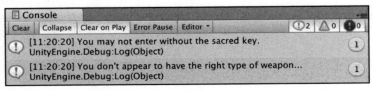

图 4-6

到目前为止，我们的条件分支依旧相当简单，C#还允许条件语句相互嵌套，以应对更复杂的情况。

3. 语句的嵌套

if-else 语句最有价值的功能之一是它们可以相互嵌套，从而在代码中实现复杂的逻辑路线。在编程术语中，称之为决策树。就像现实中的走廊一样，在门后面可能还有其他门，同迷宫一般可以创造出无限可能。

```
5 public class LearningCurve : MonoBehaviour
6 {
7     public bool weaponEquipped = true;
8     public string weaponType = "Longsword";
9
10    // Use this for initialization
11    void Start()
12    {
13        if(weaponEquipped)
14        {
15            if(weaponType == "Longsword")
16            {
17                Debug.Log("For the Queen!");
18            }
19        }
20        else
21        {
22            Debug.Log("Fists aren't going to work against armor...");
23        }
24    }
25 }
```

图 4-7

一起来分析图 4-7 中的示例：

- 首先，if 语句通过检查 weaponEquipped 变量以判断是否装备了武器。此刻，代码只关心它是否为 true，而不关心它具体是什么类型的武器。
- 第二条 if 语句检查 weaponType 并打印输出相关的调试日志。
- 如果第一条 if 语句判断为 flase，代码将跳转到 else 语句及其调试日志。
- 若第二条 if 语句判断为 false，则不会打印任何内容，因其之后没有 else 语句。

提示：
处理逻辑结果完全是编程者的职责，编程者需要自行决定代码的决策分支或结果。

至此学到的知识能够帮助我们轻松地应对简单案例。但是，很快就会发现还需要判断更复杂的条件，此时便需要进行多条件的判断。

4. 多条件的判断

除了语句的嵌套，还可将多条件判断通过 if 或 else-if 语句与 AND 和 OR 逻辑运算符组合应用来实现。

- AND 逻辑运算符使用两个&字符表示，即&&。使用 AND 运算符的条件意味着当且仅当所有条件都为 true 时，if 语句才为 true。
- OR 逻辑运算符使用两个 | 字符(竖线)表示，即||。使用 OR 运算符的条件意味着如果 if 语句中的一个或多个条件为 true，则该 if 语句的值为 true。

在图 4-8 中的示例中，if 语句已更新为同时检查 weaponEquipped 和 weaponType，也就是说，当且仅当二者都为 true 时才会执行代码块。

```
13      if(weaponEquipped && weaponType == "Longsword")
14      {
15          Debug.Log("For the Queen!");
16      }
```

图4-8

是时候测试一下所学到的全部关于 if 语句的知识了。如有需要，请随时重温本节，然后再继续后续的学习。

注意:
AND 和 OR 运算符也可以组合起来以判断任意数量或顺序的条件，可以组合的运算符数量没有限制。但一起使用时务必要小心，不要创建永远无法执行的逻辑条件。

实践——到达宝藏

下面用一个小宝箱的实验来进一步巩固所学。

(1) 在 LearningCurve 脚本的顶部声明 3 个变量: pureOfHeart 是一个 bool 值，应该为 true; hasSecretIncantation 也是一个 bool 值，应该为 false; rareItem 是一个字符串，它的值由你来自定义。

(2) 创建一个无返回值的 public 方法，命名为 OpenTreasureChamber，并在 Start( )方法中调用它。

(3) 在 OpenTreasureChamber 内部，声明一个 if-else 语句，以检查 pureOfHeart 是否为 true，并判断 rareItem 与赋给它的字符串值是否相符。

(4) 在第一个 if 语句中创建一个嵌套的 if-else 语句，检查 hasSecretIncantation 是否为 false。

(5) 为每个 if-else 语句添加调试日志，保存并单击 **Play** 按钮。

```
5 public class LearningCurve : MonoBehaviour
6 {
7     public bool pureOfHeart = true;
8     public bool hasSecretIncantation = false;
9     public string rareItem = "Relic Stone";
10
11     // Use this for initialization
12     void Start()
13     {
14         OpenTreasureChamber();
15     }
16
17     public void OpenTreasureChamber()
18     {
19         if (pureOfHeart && rareItem == "Relic Stone")
20         {
21             if(!hasSecretIncantation)
22             {
23                 Debug.Log("You have the spirit, but not the knowledge.");
24             }
25             else
26             {
27                 Debug.Log("The treasure is yours, worthy hero!");
28             }
29         }
30         else
31         {
32             Debug.Log("Come back when you have what it takes.");
33         }
34     }
35 }
```

图 4-9

如果将变量值与图 4-9 中的内容相匹配，会打印输出嵌套的 if 语句内的调试日志，如图 4-10 所示。这意味着代码通过了第一个 if 语句中两个条件的检查，但在第三个条件处失败了。

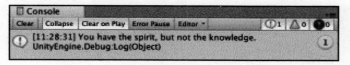

图 4-10

目前学习的内容已经足够我们使用更复杂的 if-else 语句嵌套来满足所有条件的需求。但是从长远来看，这样做效率太低。优秀的编程旨在用对的工具做对的事，这时该需要 switch 语句出场了。

4.1.2 switch 语句

if-else 语句是编写决策逻辑的好方法。然而，当有三到四个以上的分支操作时，它们就不太可行了。在掌握 switch 语句之前，我们的代码可能会像一团难以理解的乱麻，很难维护更新。但当有了 switch 语句，它可以通过接受表达式，为每个可能的结果编写对应的操作，且表达格式上也要比 if-else 语句简洁得多。

1. 基本语法

switch 语句需要以下元素。
- switch 关键字后接一对括号，括号中为要判断的条件
- 一对花括号
- 以冒号结尾的每个可能的 case 子句:
  - ◆ 单行代码或方法，后跟 breake 关键字和分号。
- 以冒号结尾的默认 default 语句:
  - ◆ 单行代码或方法，后跟 breake 关键字和分号。

在蓝图形式中，它看起来如下所示:

```
switch(matchExpression)
{
    case matchValue1:
        Executing code block
        break;
    case matchValue2:
        Executing code block
        break;
    default:
        Executing code block
        break;
}
```

在蓝图中突出显示的关键字是重要部分。当定义了 case 语句，则其冒号和 break 关键字之间的任何内容都类似于 if-else 语句的代码块。break 关键字的作用是告诉程序在选定的条件触发后，彻底退出 switch 语句。现在，一起来聊聊 switch 语句如何确定该执行哪个 case，这一步称为模式匹配。

2. 模式匹配

在 switch 语句中，模式匹配是指如何针对多个 case 子句验证匹配表达式。匹配表达式可以是任何非空(null)的类型，所有 case 子句的值都需要与匹配表达式的类型一致。

例如，如果有一个计算整型变量的 switch 语句，则其每个 case 子句都需要指定一个整数值以供检查。与匹配表达式值相匹配的 case 子句将被执行。若无匹配的 case 子句，则触发 default 子句。让我们来看看实际操作中，模式匹配是如何进行的。

实践——选择行为

虽然本例中包含了很多新的语法和信息，但动手实践最有助于更直观地理解。下面为游戏角色可能采取的不同行为创建一个简单的 switch 语句，如图 4-11 所示。

(1) 创建一个新的字符串变量(成员变量或局部变量)，命名为 characterAction，并将其值设置为"Attack"。

(2) 声明一个 switch 语句，并使用 characterAction 作为匹配表达式。

(3) 使用不同的调试日志为 Heal 和 Attack 创建两个 case 子句。不要忘记在每个末尾添加 break 关键字。

(4) 添加带有调试日志和中断(break)的默认情况(default 子句)。

(5) 保存文件并在 Unity 编辑器中单击 **Play** 按钮。

```
5 public class LearningCurve : MonoBehaviour
6 {
7     // Use this for initialization
8     void Start()
9     {
10        string characterAction = "Attack";
11
12        switch(characterAction)
13        {
14            case "Heal":
15                Debug.Log("Potion sent.");
16                break;
17            case "Attack":
18                Debug.Log("To arms!");
19                break;
20            default:
21                Debug.Log("Shields up.");
22                break;
23        }
24    }
25 }
```

图4-11

由于 characterAction 的值为 Attack，因此 switch 语句执行第二种情况并打印出其调试日志，如图 4-12 所示。将 characterAction 更改为 Heal 或未定义的行为，以查看第一个 case 子句或默认的情况。

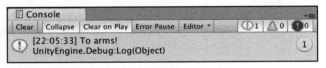

图 4-12

有时需要多个(但不是全部)switch 条件执行相同的动作。这些被称为落空(fall-through)，下一节将详细介绍。

3. 落空条件

switch 语句可以在多种情况下执行相同的操作，类似于在单个 if 语句中指定多个条件的方式。它的术语称为落空(fall-through)，或落空条件。如果 case 子句为空或其中没有 break 关键字，它将直接跳转到下一条 case 子句。

注意：

case 和 default 可以按任何顺序编写，因此创建落空条件可以大大提高代码的可读性和效率。

向 SwitchingAround( )方法添加一些代码，以便我们看到它的实际效果。

实践——掷骰子

模拟一个带有 switch 语句和落空条件的桌面游戏场景，通过掷骰子决定特定动作的结果，代码如图 4-13 所示。

(1) 创建一个名为 diceRoll 的 int 变量，并将其赋值为 7。

(2) 声明一个 switch 语句，并使用 diceRoll 作为匹配表达式。

(3) 添加三个 case：7、15 和 20，作为掷骰子可能的结果。

(4) case 15 和 20 应有自己的调试日志和中断语句，而 case 7 应落空至 15。

(5) 保存文件并在 Unity 中运行它。

```
7    // Use this for initialization
8    void Start()
9    {
10       int diceRoll = 7;
11
12       switch(diceRoll)
13       {
14           case 7:
15           case 15:
16               Debug.Log("Mediocre damage, not bad.");
17               break;
18           case 20:
19               Debug.Log("Critical hit, the creature goes down!");
20               break;
21           default:
22               Debug.Log("You completely missed and fell on your face.");
23               break;
24       }
25   }
```

图 4-13

提示：
如果想查看落空的实际效果，请尝试将调试日志添加到 case 7，但不要使用 break 关键字。

当 diceRoll 设置为 7 时，switch 语句将与第一个 case 子句进行匹配，因其缺少代码块和 break 关键字，因此第一个 case 将落空并执行 case 15，输出结果如图 4-14 所示。如果将 diceRoll 更改为 15 或 20，控制台将显示它们各自的消息，任何其他的值都将触发 switch 语句末尾的默认情况：

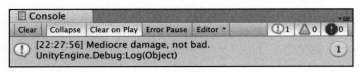

图 4-14

这就是有关条件逻辑的全部内容。日后如有需要，可随时重温本节。在学习集合前，请通过小测验检验一下自己！

注意:

switch 语句的功能非常强大，甚至可以简化极端复杂的决策逻辑。想要更深入地了解 switch 语句的模式匹配，可访问: https://docs.microsoft.com/en-us/dotnet/csharp/language-reference/keywords/switch。

4.1.3　小测验——if 语句与逻辑运算符

用以下问题检测目前所学:

1. 什么值可用于 if 语句的判断?

2. 哪个运算符可以将 true 条件变为 false 或将 flase 条件变为 true?

3. 如果要执行 if 语句的代码需要两个条件为真，应使用什么逻辑运算符来连接条件?

4. 如果只要两个条件之一为真就能执行 if 语句的代码，应使用什么逻辑运算符来连接这两个条件?

完成小测验后，便可以进入集合数据类型的世界了。这些类型将为游戏和C#程序拓展全新的编程功能!

4.2　初识集合

到目前为止，我们只用变量来存储单个值，但是在许多情况下需要存储一组值。C#中的集合类型包括数组(Array)、字典(Dictionary)和列表(List)，它们每种都各有优缺点，具体将在以下部分中详细介绍。

4.2.1 数组

数组是 C#提供的最基本的集合。可以将数组视为一组值的容器，这些值在编程术语中被称为元素，每个值都可以单独被访问或修改。

- 数组可以存储任何类型的值，但所有元素都必须是同一类型。
- 数组的长度或可容纳元素的数量在创建数组时就已设置，之后无法修改。
- 如果在创建时没有分配初始值，则每个元素将被赋予一个默认值。存储数字类型的数组默认为零，而任何其他类型都默认设置为 null。

数组是 C#中最不灵活的集合类型。这主要是因为元素在创建后无法添加或删除。尽管如此，数组在面对存储不太可能变化的信息时特别有用。与其他集合类型相比，缺乏灵活性也使数组的处理速度更快。

1. 基本语法

声明一个数组与声明之前使用过的其他变量类型类似，但有一些变化。

- 数组变量需要指定其所含元素的类型、一对方括号和唯一的名称。
- new 关键字用于在内存中创建数组，后跟值的类型和另一对方括号。
- 数组将存储的元素数位于第二对方括号内。

在蓝图形式中，数组看起来如下所示：

```
elementType[] name = new elementType[numberOfElements];
```

例如，要在游戏中存储最高分的前三名：

```
int[] topPlayerScores = new int[3];
```

一起来分析一下。topPlayerScores 是一个整型数组，将存储三个整数元素。由于我们没有添加任何初始值，因此 topPlayerScores 中的三个值默认都为 0。

通过将值添加到变量声明末尾的一对大括号内，便可以在创建数组时直接为其赋值。C#有普通和速记两种方法来做这件事，两者都同样有效：

```
// Longhand initializer
int[] topPlayerScores = new int[] {713, 549, 984};

// Shortcut initializer
int[] topPlayerScores = { 713, 549, 984 };
```

注意:

使用速记语法初始化数组非常常见,所以本书在剩余部分都将使用这种方式。但是,如果想提醒自己数组的细节,可随时使用明确的表达。

现在数组声明的语法已不再陌生,接下来介绍如何存储和访问数组元素。

2. 索引和下标

每个数组元素都按其分配的顺序进行存储,这称为索引。数组是从 0 开始索引的,这意味着元素顺序从 0 而不是从 1 开始。可以将元素的索引视为其引用或位置。在 **topPlayerScores** 中,第一个整数 452 位于索引 0、713 位于索引 1,而 984 位于索引 2,如图 4-15 所示。

```
10                                    索引   0    1    2
11                                          ↓    ↓    ↓
12           int[] topPlayerScores={452,713, 984};
```

图 4-15

可以使用下标运算符按其索引来定位单个元素,下标运算符是一对包含元素索引的方括号。例如,要在 **topPlayerScores** 中检索和存储第二个数组元素,可以用数组名称后跟下标方括号和索引 1:

```
// The value of score is set to 713
int score = topPlayerScores[1];
```

也可以通过下标运算符直接修改数组值,像对待任何其他变量一样,甚至可以单独作为表达式传递:

```
topPlayerScores[1] = 1001;
Debug.Log(topPlayerScores[1]);
```

topPlayerScores 中的值现在是 452、1001 和 984。

3. 范围异常

创建数组时，元素的数量是固定的且不可更改，这意味着我们无法访问不存在的元素。在 topPlayerScores 示例中，数组长度为 3，因此有效索引的范围是从 0 到 2。任何等于 3 或更高的索引都超出了数组的范围，且会在控制台中生成一个针对此种情况名为 IndexOutOfRangeException 的报销信息，如图 4-16 所示。

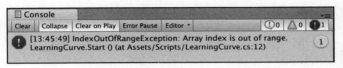

图 4-16

注意：
良好的编程习惯要求我们通过检查我们想要的值是否在数组的索引范围内来避免范围异常，我们将在迭代语句部分进一步介绍。

数组并不是 C#提供的唯一的集合类型。在下一节中，将学习列表，它们在编程中更常见，使用起来也更灵活。

4.2.2 列表

列表与数组密切相关，它可以在单个变量中收集多个相同类型的值。在添加、删除和更新元素时，列表更容易处理，但列表中的元素不是按顺序存储的。这有时会导致比数组更高的性能成本。

注意：
性能成本是指给定的操作占用了计算机多少时间和算力。尽管现在计算机速度很快，但仍然会因大型游戏或应用程序而过载。

1. 基本语法

列表型变量需要满足以下要求:

- List 关键字,后跟一对包含元素类型的尖括号,以及唯一的名称。
- 用 new 关键字初始化内存中的列表,List 关键字后紧跟一对包含了元素类型的尖括号。
- 一对以分号结尾的括号。

以蓝图形式,其内容如下:

```
List<elementType> name = new List<elementType>();
```

注意:

列表长度可以随时修改,因此无须在创建时指定最终将保留多少个元素。

与数组一样,可以在变量声明中通过在一对大括号内添加元素值来初始化列表:

```
List<elementType> name = new List<elementType>() { value1, value2 };
```

元素按添加顺序存储,索引从 0 开始,并且可以使用下标运算符进行访问。让我们设置一个列表来测试该类的一些基本功能。

实践——团队成员

作为热身,先在一个虚构的角色扮演游戏中创建团队成员列表,代码如图4-17 所示。

(1) 创建一个字符串类型的新列表,称为 questPartyMembers,并使用三个角色的名称对其进行初始化。

(2) 添加一条调试日志,并使用 Count 方法打印输出团队成员的数量。

(3) 保存文件并在 Unity 中单击 **Play** 按钮。

```
 7        // Use this for initialization
 8        void Start()
 9        {
10            List<string> questPartyMembers = new List<string>()
11            { "Grim the Barbarian", "Merlin the Wise", "Sterling the Knight"};
12
13            Debug.LogFormat("Party Members: {0}", questPartyMembers.Count);
14        }
15 }
```

图 4-17

这里初始化了一个名为 questPartyMembers 的新列表，它现在包含三个字符串值，并使用 List 类中的 Count 方法打印出元素的数量，结果如图 4-18 所示。

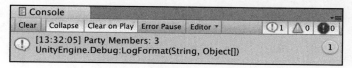

图 4-18

了解列表中有多少元素非常有用。然而，在大多数情况下，只有这些信息是不够的。我们希望能够根据需要修改列表，相关内容将在接下来介绍。

2. 常用方法

只要索引在 List 类的范围内，就可以像使用下标运算符和索引的数组一样访问和修改列表元素。但是，List 类具有多种扩展其功能的方法，例如添加、插入和删除元素。

继续使用 questPartyMembers 列表，向团队添加一名新成员：

```
questPartyMembers.Add("Craven the Necromancer");
```

Add( )方法将新元素添加到列表的末尾，这使 questPartyMembers 计数为 4，元素顺序如下：

```
{ "Grim the Barbarian", "Merlin the Wise", "Sterling the Knight",
    "Craven the Necromancer"};
```

要将元素添加到列表中的特定位置，可以将要添加的索引和值传递给 Insert( )方法：

```
questPartyMembers.Insert(1, "Tanis the Thief");
```

当一个元素被插入到先前占用的索引处时，列表中的所有元素的索引都会增加 1。在本示例中，"Tanis the Thief"现在位于索引 1，这意味着"Merlin the Wise"现在位于索引 2 而不是 1，依此类推：

```
{ "Grim the Barbarian", "Tanis the Thief", "Merlin the Wise", "Sterling
    the Knight", "Craven the Necromancer"};
```

删除元素也同样简单，需要的只是索引或字面值，List 类可以自行完成以下工作：

```
// Both of these methods would remove the required element
questPartyMembers.RemoveAt(0);
questPartyMembers.Remove("Grim the Barbarian");
```

至此，questPartyMembers 现在包含索引从 0 到 3 的以下元素：

```
{ "Tanis the Thief", "Merlin the Wise", "Sterling the Knight", "Craven
    the Necromancer"};
```

注意:

还有更多 List 类方法，诸如对值的检查、查找和排序元素以及使用范围。完整的方法列表和描述，可访问: https://docs.microsoft.com/en-us/dotnet/api/system.collections.generic.list-1?view=netframework-4.7.2。

虽然列表非常适合单值元素，但在某些情况下，还需要存储包含多个值的信息或数据。这就是字典发挥作用的地方了。

4.2.3　字典

与数组和列表不同，字典在每个元素中存储值对而不是单个值。这些元素被称为键值对：键充当其对应值的索引或用来查找值。与数组和列表不同，字典是无序的。但是，它们可以在创建后以各种配置进行排序。

1. 基本语法

声明字典与声明列表几乎相同，但增加了一个细节——键和值的类型都需要在尖括号内指定：

```
Dictionary<keyType, valueType> name = new Dictionary<keyType,
valueType>();
```

要使用键值对初始化字典，请执行以下操作：

- 在声明末尾使用一对花括号。
- 将每个元素添加到各自的一对花括号内，键和值用逗号分隔。
- 用逗号分隔元素，最后一个元素除外。

```
Dictionary<keyType, valueType> name = new Dictionary<keyType,valueType>()
{
     {key1, value1},
     {key2, value2}
};
```

在选择键值时，每个键必须是唯一的，并且不能更改。如果需要更新键，请在变量声明中更改其值，或删除整个键值对之后另添加一个。

提示：
就像数组和列表一样，字典可以在一行上初始化，这在 Visual Studio 中没有问题。但是，如前面的示例所示，将每个键值对写在单独的一行中是个很好的习惯，这有利于提高代码的可读性。

实践——创建道具背包

下面创建一个字典来存储角色可能携带的道具，相关代码如图 4-21 所示。

(1) 声明一个键类型为 String、值类型为 int 的字典，称为 itemInventory。

(2) 将其初始化为 new Dictionary<string, int>( )，并添加任意的三个键值对。确保每个元素都在一对专属大括号中。

(3) 添加调试日志以打印 itemInventory.Count 属性，以便查看背包中道具存储数量。

(4) 保存文件并单击 **Play**。

```
7     // Use this for initialization
8     void Start()
9     {
10        Dictionary<string, int> itemInventory = new Dictionary<string, int>()
11        {
12            { "Potion", 5 },
13            { "Antidote", 7 },
14            { "Aspirin", 1 }
15        };
16
17        Debug.LogFormat("Items: {0}", itemInventory.Count);
18    }
19 }
```

图 4-19

这里新建了一个名为 itemInventory 的字典，并使用三个键值对进行了初始化。将键指定为字符串，将对应的值指定为整数，并打印出 itemInventory 字典中当前包含的元素数量，结果如图 4-20 所示。

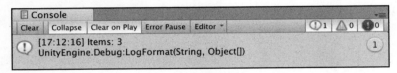

图 4-20

与列表一样，我们需要做的不仅仅是打印出给定字典中键值对的个数，因此将在下一节中探讨如何添加、删除和更新这些值。

2. 使用字典对

可以使用下标和类方法从字典中添加、删除和访问键值对。要检索元素的值，可以将下标运算符与元素的键一起使用。在下方示例中，numberOfPotions 将被赋值为 5：

```
int numberOfPotions = itemInventory["Potion"];
```

可以使用相同的方法更新元素的值，现在与"Potion"对应的值是 10：

```
itemInventory["Potion"] = 10;
```

有两种方式可以将元素添加到字典中：使用 Add( )方法或使用下标运算符。Add( )方法接受键和值并以此创建一个新的键值元素，只要它们的类型对应于字典声明即可：

```
itemInventory.Add("Throwing Knife", 3);
```

如果使用下标运算符为字典中不存在的键赋值，编译器会自动将其添加为新的键值对。例如，如果想为"Bandage(绷带)"添加一个新元素，可以使用以下代码：

```
itemInventory["Bandage"] = 5;
```

这就引出了一个关于引用键值对的关键点：最好在尝试访问某个元素之前确定它存在，以避免错误地添加新的键值对。将 ContainsKey( )方法与 if 语句配对是一个简单的解决方案，因为 ContainsKey( )方法会根据键是否存在返回一个布尔值。在以下示例中，我们先确定"Aspirin(阿司匹林)"键存在，再修改它的值：

```
if(itemInventory.ContainsKey("Aspirin"))
{
    itemInventory["Aspirin"] = 3;
}
```

最后，可以使用 Remove( )方法从字典中删除键值对，该方法只接受键参数：

```
itemInventory.Remove("Antidote");
```

注意：
与列表一样，字典提供了多种方法和功能来简化开发，但我们无法在此处全部介绍。如果需要，可访问官方文档：https://docs.microsoft.com/enus/dotnet/api/system.collections.generic.dictionary-2?view=netframework-4.7.2。

至此，有关集合的内容告一段落，是时候进行一个测验以检验自己是否准备好进入下一个重要的主题：迭代语句。

4.2.4   小测验——集合

1. 什么是数组或列表中的元素?
2. 数组或列表中第一个元素的索引号是多少?
3. 单个数组或列表可以存储不同类型的数据吗?
4. 如何向数组添加更多元素以腾出空间容纳更多数据?

由于集合是对象的组或列表,因此需要通过有效的方式访问它们。幸运的是,C#有几个迭代语句来应对这些问题,相关内容将在下一节中讨论。

4.3   迭代语句

我们已经通过下标运算符以及集合类型方法访问了各个集合元素,但是当需要逐个元素遍历整个集合时,该怎么办呢? 在编程中,这种遍历集合的方式称为迭代(iteration)。C#提供了多种语句类型,以供循环遍历(或技术上称之为迭代)集合元素。迭代语句类似于方法,因为它们内部也包含了要执行的代码块,但与方法不同的是,只要满足条件,就可以重复执行这些代码块。

4.3.1   for 循环

当某代码块需要在程序继续之前执行一定次数时,最常使用的就是 for 循环。语句本身接受三个表达式,每个表达式都有一个特定的函数在循环执行之前执行。因为 for 循环会跟踪当前的迭代,因此最适合用于遍历数组和列表。

先看看下面的 for 循环语句蓝图:

```
for (initializer; condition; iterator)
{
    code block;
}
```

让我们对上述蓝图稍做分析。

● 以 for 关键字开始语句,后跟一对括号。

- 括号内是三个"守门人",它们分别是:初始化表达式、条件表达式和迭代表达式。
- 循环会从初始化表达式开始,它是一个局部变量,用于跟踪循环执行的次数,通常设置为 0,因为集合类型是从 0 开始索引的。
- 接下来,检查条件表达式,如果为真,则继续执行迭代。迭代表达式用于增加或减少(递增或递减)初始化变量,这意味着下一次循环计算其条件时,初始化变量会有所不同。

内容听起来好像很多,所以接下来以 questPartyMembers 列表为例:

```
List<string> questPartyMembers = new List<string>()
{ "Grim the Barbarian", "Merlin the Wise", "Sterling the Knight"};

for (int i = 0; i < questPartyMembers.Count; i++)
{
    Debug.LogFormat("Index: {0} - {1}", i, questPartyMembers[i]);
}
```

为了更好地理解 for 循环,一起来看看它是如何工作的:

- 首先,for 循环中的初始化变量被设置为一个名为 i 的局部 int 变量,且其初始值为 0。
- 为了确保永远不会遇到超出范围的异常,for 循环确保循环仅在当变量 i 小于 questPartyMembers 中的元素个数时执行。
- 最后,每次执行循环时使用 ++ 运算符使 i 增加 1。
- 在 for 循环内部,使用 i 作为索引,打印输出索引和该索引处的列表元素,结果如图 4-21 所示。注意,i 与集合中元素的索引同步,因为它们都从 0 开始。

注意:

字母 i 通常用作初始化变量的名称。如果恰好嵌套了 for 循环,则可以使用字母 j、k、l 等作为变量名称。

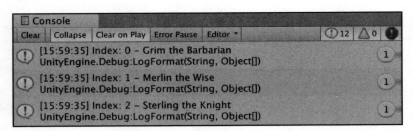

图 4-21

下面在已有集合上尝试迭代语句。

实践——寻找元素

当遍历 questPartyMembers 时，一起看看当迭代至某个特定元素时是否可以识别出来，并同时输出一个特殊的调试日志，相关代码如图 4-22 所示。

(1) 在 for 循环中的调试日志下方添加 if 语句。

(2) 在 if 语句的条件中，检查当前 questPartyMember 列表元素是否匹配 "Merlin the Wise"。

(3) 如果是，打印输出一条调试日志。

```csharp
// Start is called before the first frame update
void Start()
{
    List<string> questPartyMembers = new List<string>()
    { "Grim the Barbarian", "Merlin the Wise", "Sterling the Knight" };

    for (int i = 0; i < questPartyMembers.Count; i++)
    {
        Debug.LogFormat("Index: {0} - {1}", i, questPartyMembers[i]);

        if (questPartyMembers[i] == "Merlin the Wise")
        {
            Debug.Log("Glad you're here Merlin!");
        }
    }
}
```

图 4-22

控制台输出看起来应该与图 4-21 中的结果几乎相同，只不过现在有一条额外的调试日志，仅在循环遍历到 Merlin 时打印一次。更具体地说，当第二次循环中，i 等于 1 时，if 语句被触发，从而打印出两条日志而不是一个，如图 4-23

所示。

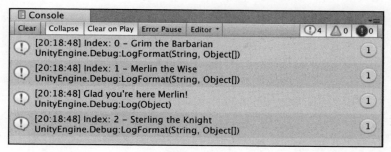

图 4-23

在适当的情况下使用标准 for 循环会非常有用，但在编程中解决问题很少只用一种方式，此种情况下 foreach 语句也可以发挥作用。

4.3.2 foreach 循环

foreach 循环获取集合中的每个元素，并将其存储在局部变量中，使其可在语句内被访问。局部变量类型必须与集合元素类型匹配才能正常工作。foreach 循环可用于数组和列表，但是对字典尤为有用，因为它不基于数字索引。

在蓝图形式中，foreach 循环如下所示：

```
foreach(elementType localName in collectionVariable)
{
    code block;
}
```

继续使用 questPartyMembers 示例并对其包含的每个元素进行点名：

```
List<string> questPartyMembers = new List<string>()
{ "Grim the Barbarian", "Merlin the Wise", "Sterling the Knight"};

foreach(string partyMember in questPartyMembers)
    {
    Debug.LogFormat("{0} - Here!", partyMember);
    }
```

对其稍作分析：

- 元素类型被声明为一个字符串，与 questPartyMembers 中值的类型相匹配。
- 创建一个名为 partyMember 的局部变量，用于在循环中暂存每个元素。
- in 关键字后跟要循环遍历的集合，在本例中即为 questPartyMembers。

　　得到控制台输出如图 4-24 所示。

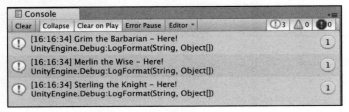

图 4-24

　　这比 for 循环要简单得多。但是，在处理字典时，需要注意几个重要的区别，即如何将键值对作为局部变量来处理。

循环键值对

　　要在局部变量中捕获键值对，需要使用 KeyValuePair 类型，并分配键和值类型以匹配字典的相应类型。KeyValuePair 类型就像任何其他元素类型一样可以作为一个局部变量。

　　例如，可以遍历之前创建的 itemInventory 字典，并将键值作为道具描述通过调试信息输出：

```
Dictionary<string, int> itemInventory = new Dictionary<string, int>() {
    { "Potion", 5},
    { "Antidote", 7},
    { "Aspirin", 1} };

foreach(KeyValuePair<string, int> kvp in itemInventory)
{
    Debug.LogFormat("Item: {0} - {1}g", kvp.Key, kvp.Value);
}
```

我们已经指定了 KeyValuePair 的一个局部变量，称为 kvp，这是编程中常见的命名约定，如同称 for 循环的初始化变量为 i 一样。接下来将键和值类型设置为 string 和 int，以匹配 itemInventory。

注意：
要访问局部变量 kvp 变量的键和值，可以分别使用 Key 和 Value 的 KeyValuePair 属性。

在本例中，键是字符串，值是整数，可以将打印输出结果视为商品名称和商品价格，如图 4-25 所示。

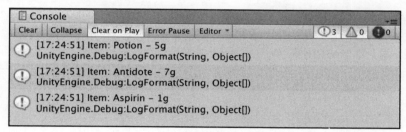

图 4-25

如果有兴趣探险，可以尝试接下来的可选挑战，进一步巩固刚刚学到的知识。

勇者的试炼——寻找买得起的道具

创建一个变量来存储虚构角色有多少金币，看看是否可以在 foreach 循环中添加一个 if 语句来检查是否可以买得起道具。

小提示：使用 kvp.Value 将价格与角色钱包中的金额进行比较。

4.3.3　while 循环

while 循环与 if 语句很相似，只要单个表达式或条件为真，它们就会运行。值的比较结果和布尔变量都可用作 while 的条件，并且可以使用 NOT(逻辑非)运算符修改条件。

在 while 循环中，只要条件为 true，就会一直运行代码块。

```
initializer
while (condition)
{
    code block;
    iterator;
}
```

对于 while 循环，通常会像在 for 循环中一样声明一个初始化变量，并在循环代码块的末尾手动递增或递减该变量。根据实际情况，初始化表达式通常是循环条件的一部分。

实践——追踪玩家角色的生存状态

举一个常见的用例，假设需要在玩家角色生存时执行代码，而在角色死亡时进行调试。相关代码如图 4-26 所示。

```
 7      // Use this for initialization
 8      void Start()
 9      {
10          int playerLives = 3;
11
12          while(playerLives >| 0)
13          {
14              Debug.Log("Still alive!");
15              playerLives--;
16          }
17
18          Debug.Log("Player KO'd...");
19      }
20 }
```

图 4-26

(1) 创建一个名为 playerLives 的 int 型的初始化变量，并将其设置为 3。

(2) 声明一个 while 循环，其条件是检查 playerLives 是否大于 0(即玩家角色是否还活着)。

(3) 在 while 循环中，调试输出一些东西以便让我们知道角色仍还活着，然后使用--运算符(连续的两个减号)将 playerLives 减 1。

注意:
将值增加和减少 1 分别称为递增和递减(－－将值减少 1，＋＋ 将其增加 1)。

(4) 在 while 循环花括号后添加调试日志，使得当生命耗尽时打印一些内容。

当 playerLives 从 3 开始时，while 循环将执行 3 次。在每个循环中，调试日志 "Still alive! (仍然活着！)" 触发，并从 playerLives 中减去一条生命。当 while 循环第四次运行时，条件失败，因为 playerLives 为 0，因此跳过代码块并打印出最终的调试日志，如图 4-27 所示。

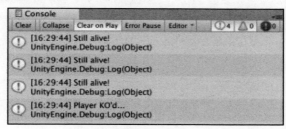

图 4-27

现在的问题是，如果循环永不停止会发生什么？下一节将讨论这个问题。

4.3.4　超越无限

在结束本章之前，还需要了解一个非常重要的迭代语句概念：无限循环。顾名思义，当循环的条件使其无法停止，导致程序将一直运行。在 for 和 while 循环中，当迭代器没有增加或减少时，通常就会发生无限循环。上例中，如果 playerLives 代码行被排除在 while 循环示例之外，Unity 将冻结或崩溃，因为 Unity 会识别到 playerLives 将始终为 3 而导致循环永远执行下去。

迭代器并不是唯一需要注意的罪魁祸首。在 for 循环中，如果条件设置成永远不会失败或 false 也可能导致无限循环。在介绍循环键值对部分的团队成员示例中，如果将 for 循环条件设置为 i<0 而不是 i<questPartyMembers.Count，由于 i 将始终小于 0，循环会持续运行直到 Unity 崩溃。

4.4　本章小结

　　在结束本章时，应该回顾一下已取得的成就并思考可以利用这些新知识创造什么。我们了解了如何使用简单的 if-else 语句和更复杂的 switch 语句在代码中进行决策。我们可以创建数组、列表或带有键值对的字典来存储各种值的集合变量，这有助于更有效地存储复杂和成组的数据。我们甚至可以为每个集合类型选择恰当的循环语句，并谨慎地避免无限循环和崩溃。如果此刻你感到负荷过重，不要焦虑，逻辑与序列化的思维也是训练编程思维的一部分。

　　第 5 章将通过类、结构和面向对象编程(OOP)来完成 C#编程的基础知识。我们将把到目前为止学到的一切都放到这些主题中，为我们第一次真正深入了解和控制 Unity 引擎中的对象做准备。

第 5 章

类、结构体和 OOP

显然，本书的目标并不是用过载的信息让你感到头痛。但接下来的内容将带你走出初学者的小隔间，转而迈入面向对象编程(Object-Oriented Programming，OOP)的广阔天地。到目前为止，我们一直依赖于 C#语言预置变量类型：从底层来看，字符串、列表和字典都是类，这就是为什么我们可以创建它们并通过点表示法使用它们的属性。然而，依赖内置类型有一个明显的弱点：无法脱离 C#已经设定好的蓝图。

通过创建类，可以针对特定的游戏或应用，自由地定义和配置设计蓝图、捕获信息以及驱动行为。因此自定义类和面向对象对于编程举足轻重，缺少了它们，独特的程序将少之又少。

在本章中，我们将通过实践学习如何从零开始创建类，并了解类的变量、构造函数和方法的内部工作原理。还将了解引用类型对象和值类型对象之间的差异，以及如何在 Unity 中应用这些概念。

本章重点：

- 定义类
- 声明结构体
- 声明并使用结构体
- 理解引用类型和值类型
- 探索面向对象编程基础
- 在 Unity 中应用面向对象编程

5.1 定义类

在第 2 章中简单介绍了类如何作为对象的蓝图，并提到可以将类视为可自定义的变量类型。同时还了解到 LearningCurve 脚本本身也是一个类，且是一个特别的类，它允许 Unity 将其附加到场景中的对象上。类的关键是它们是引用类型，也就是说，当类被赋值或传递给另一个变量时，系统引用的是原始对象，而不是创建一个新的副本。我们将在讨论结构体之后对此深入讲解。在此之前，我们需要了解有关创建类的基本知识。

5.1.1 基本语法

现在，先把类和脚本在 Unity 中的工作方式放在一边，转而专注于它们在 C#中的创建和使用方式。之前草拟的蓝图中，类是使用 class 关键字创建的，如下所示：

```
accessModifier class UniqueName
{
    Variables
    Constructors
    Methods
}
```

在类中声明的任何变量或方法都属于该类，并通过其唯一的类名进行访问。

为了使本章中的示例尽可能连贯一致，我们将创建和修改一般游戏中常见的 Character 类。同时我们还将远离代码截图，就如同在实际编程中会看到的那样，以便尽早熟悉阅读和解释代码。首先需要一个自定义类，让我们一起来创建一个。

实践——创建角色类

在理解类的内部工作原理之前，需要拥有一个类来练习，让我们从头开始创建一个新的 C#脚本：

(1) 右击 Scripts 文件夹，选择 Create，然后选择 C# Script。

(2) 将其命名为 Character，并在 Visual Studio 中打开，删除在 using Unity-Engine 此句后所有自动生成的代码。

(3) 声明一个名为 Character 的公共类，后跟一组花括号，然后保存文件。你的类代码应与以下代码一致：

```
using System.Collections;
using System.Collections.Generic;
using UnityEngine;
public class Character
{

}
```

Character 现在已被注册为公共类。这意味着项目中的任何类都可以使用它来创建角色。然而，这些只是指令，要创建出一个角色还需要额外的步骤。这一步被称为实例化，也就是下一节的主题。

5.1.2 实例化类对象

实例化指根据一组特定指令来创建对象，创建的对象被称为实例。如果类是蓝图，那么实例就是根据蓝图的指令建造的房子。每一个 Character 类的新实例都是该类自身的对象，就像基于相同的指令建造的两座房子从物理结构上来说仍然是不同的，发生在其中一个实例身上的事情不会对另一个产生任何影响。

在上一章"控制流与集合类型"中，我们使用 new 关键字和类型创建了列表和字典，它们都是类。我们也可以对自定义类(例如 Character)执行相同的操作。

实践——创建新角色

将 Character 类声明为公共类，这意味着可以在任何其他类中创建 Character 实例。试着在 LearningCurve 脚本的 Start( )方法中声明一个新角色。

在 LearningCurve 脚本的 Start( )方法中声明一个新的 Character 类型变量，命名为 hero：

```
Character hero = new Character();
```

下面对上面的代码逐步进行解释：

- 变量类型指定为 Character，即该变量是 Character 类的实例。
- 变量名为 hero，通过使用 new 关键字后跟 Character 类名称和两个括号来进行实例化。这样便为实例在程序的内存中划分出了实际的空间，尽管 Character 类现在是空的。

我们可以像迄今为止使用过的任何其他对象一样使用 hero 变量。当 Character 类获得自己的变量和方法后，可以通过点表示法从 hero 访问它们。

 注意：

在创建 hero 变量时，也可以简单地使用推断式声明，如下所示：

```
var hero = new Character();
```

现在，类中没有任何字段可用，因此这个角色类做不了任何事。在接下来的几节中，我们将学习如何添加类字段等。

5.1.3 添加类字段

向自定义类添加变量或字段的方式与之前 LearningCurve 脚本所用方式并无差异。应用理念也相同，包括访问修饰符、变量作用域和赋值。然而，类的任何变量都是随着类的实例化而创建的，这意味着如果没有赋值，它们将默认为零或空值。通常，初始值的选择取决于即将存储的信息：

- 若无论在何时，类实例化后该变量都具有相同的值，则设置初始值是一个不错的想法。
- 若每次实例化后都需要自定义该变量，则不建议为其赋值，使用类的构造函数(将在稍后介绍它)即可。

每个角色类都需要一些基本字段，下一节中将为其添加字段。

实践——充实角色细节

下面用两个变量来存储角色的名字和初始经验值:

(1) 在 Character 类的花括号内添加两个公共变量 name 和 exp,其中,name 是一个字符串变量,用于存储名字;exp 是一个整型变量,用于存储经验值。

(2) 将 name 的值留空,exp 赋值为 0,以便每个角色都从零开始:

```
public class Character
{
    public string name;
    public int exp = 0;
}
```

(3) 在 LearningCurve 脚本中,在 Character 类实例初始化相关语句之后添加一个调试日志,通过点表示法打印出新角色的 name 和 exp 信息:

```
Character hero = new Character();
Debug.LogFormat("Hero: {0} - {1} EXP", hero.name, hero.exp);
```

当 hero 被初始化后,name 被赋予一个空值,它在调试日志中显示为空白,exp 打印出 0。注意,不必将 Character 脚本附加给场景中的任何游戏对象,只需要在 LearningCurve 脚本中引用它,其余的工作交由 Unity 完成。现在控制台会调试出角色信息,如图 5-1 所示。

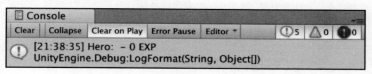

图 5-1

此时此刻,类正在工作,但是使用空值并不实用。接下来将使用所谓的类构造函数来解决这个问题。

5.1.4 使用构造函数

类的构造函数是在类实例化时自动触发的特殊方法,这类似于 Start( )方法在 LearningCurve 脚本中的运行方式。构造函数会根据蓝图构造类。

- 如果未指定构造函数，C#会生成一个默认构造函数。默认构造函数将任何变量设置为其数据类型所对应的默认值，即把数值型变量设置为 0，布尔值变量设置为 false，引用类型变量(类)设置为 null。
- 像任何其他方法一样，可以使用参数自定义构造函数，用于在初始化时为类变量值赋值。
- 一个类可以有多个构造函数。

构造函数的编写方式与常规方法类似，但也有一些不同。例如，构造函数需要是公共的，无返回类型，且方法名总是与类名一致，下面将具体举例说明。向 Character 类添加一个没有参数的基本构造函数，并将 name 字段设置为 null 以外的值。

直接在类变量下方添加如下代码：

```csharp
public string name;
public int exp = 0;

public Character()
{
    name = "Not assigned";
}
```

在 Unity 中运行项目，将看到 hero 实例使用这个新构造函数。调试日志将 hero 的名字显示为 Not assigned 而不是空值，如图 5-2 所示。

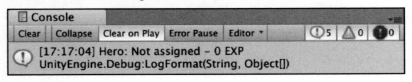

图 5-2

目前进展顺利，但还需要使类的构造函数更加灵活。这意味着还需要能够传入值，以便将它们用作初始值。让我们继续对构造函数的功能进行补充。

实践——指定初始属性

现在，Character 类开始逐渐具备一个真实角色对象的行为，可以通过添加第二个构造函数使其变得更好。该函数在初始化时接收一个名称并将其赋值给 name 字段。

(1) 向 Character 添加另一个构造函数，该构造函数接受一个字符串参数，称为 name。

(2) 使用 this 关键字将参数分配给类的 name 变量。这称为构造函数重载：

```
public Character(string name)
{
    this.name = name;
}
```

注意：

为方便起见，构造函数通常会使用与类变量同名的参数。在这些情况下，可使用 this 关键字来指定哪个变量属于该类。在本例中，this.name 指的是类的 name 变量，而 name 是参数。如果没有 this 关键字，编译器会因无法区分它们而发出警告。

(3) 在 LearningCurve 脚本中创建一个新的 Character 实例，称为 heroine。使用自定义构造函数在初始化时传入一个名称并在控制台中打印出详细信息：

```
Character heroine = new Character("Agatha");
Debug.LogFormat("Hero: {0} - {1} EXP", heroine.name,
    heroine.exp);
```

当一个类有多个构造函数或一个方法有多个变体时，Visual Studio 会在自动补全的弹出窗口中显示一组箭头，可以使用方向键上下滚动进行选择，如图 5-3 所示。

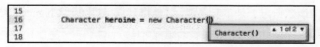

图 5-3

现在，当初始化新 Character 类时，我们可以在基本构造函数和自定义构造函数之间进行选择，不同选择下的输出结果如图 5-4 所示。针对不同情况需要配置不同的实例，使 Character 类变得更加灵活。

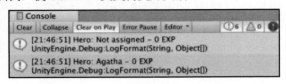

图 5-4

现在可以开始真正工作了。类还需要一些方法来做有用的事，而不只是充当变量的存储容器。下一个任务便是将上述理论付诸实践。

5.1.5　声明类方法

将方法添加到自定义类与将它们添加到 LearningCurve 脚本中没有什么不同。然而，这是介绍一个良好编程习惯的好机会，那就是"不要重复自己"(DRY，Don't Repeat Yourself)。DRY 是写出好代码的基准。事实上，每当你发现自己一遍又一遍地写同一行或同几行，就应该对代码进行重新思考和组织了。通常会采用声明一个新方法的方式来保存重复的代码，从而使在其他地方修改和调用这一功能更简单便利。

提示:

在编程术语中，这也称为抽象出方法或特征。

我们已经有相当多的重复代码，所以让我们来看看有哪些地方还可以提高脚本的可读性和效率。

实践——打印角色数据

代码中调试日志总是重复出现，这是将其直接抽象到 Character 类中的绝佳机会。

(1) 向 Character 类添加一个名为 PrintStatsInfo 的 public 方法，其返回类型为 void。

(2) 从 LearningCurve 脚本中复制调试日志相关代码并粘贴到方法体中。

(3) 将变量更改为 name 和 exp，因为它们现在可以直接从类中引用：

```
public void PrintStatsInfo()
{
    Debug.LogFormat("Hero: {0} - {1} EXP", name, exp);
}
```

(4) 在 LearningCurve 脚本中将角色调试日志替换为 PrintStatsInfo 方法，然后单击 **Play** 按钮：

```
Character hero = new Character();
hero.PrintStatsInfo();

Character heroine = new Character("Agatha");
heroine.PrintStatsInfo();
```

现在 Character 类有了一个方法，任何实例都可以通过点表示法来访问这个方法。由于 hero 和 heroine 都是独立的对象，因此 PrintStatsInfo 会将它们各自的 name 和 exp 值调试输出至控制台。

提示：

这种做法比在 LearningCurve 脚本中直接使用调试日志要好得多。将功能集合到一个类中并通过方法来调用是不错的主意，这使代码更具可读性。例如 Character 对象在打印调试日志时将直接给出指令，而不是重复相同的代码。

整个 Character 类的代码如图 5-5 所示，可作为参考。

介绍完类后，就可以处理类的轻量级兄弟对象：结构体！

```
 5 public class Character
 6 {
 7      public string name;
 8      public int exp = 0;
 9
10      public Character()
11      {
12          name = "Not assigned";
13      }
14
15      public Character(string name)
16      {
17          this.name = name;
18      }
19
20      public void PrintStatsInfo()
21      {
22          Debug.LogFormat("Hero: {0} - {1} EXP", name, exp);
23      }
24 }
```

图 5-5

5.2   声明结构体

结构与类相似，都是要在程序中创建的对象的蓝图。主要区别在于结构体是值类型，即意味着它们需要通过值而不是引用(例如类)传递。接下来将更详细地介绍这一点。首先，我们需要了解结构体的工作原理以及创建它们时要遵循的特定规则。

基本语法

结构体的声明方式与类相同，同样可以包含字段、方法和构造函数：

```
accessModifier struct UniqueName
{
     Variables
     Constructors
     Methods
}
```

与类一样，任何变量和方法都只属于结构体，并通过其唯一名称进行访问。但是，结构体存在一些限制。

- 变量不能在结构体声明的内部对其值进行初始化，除非它们用 static 或 const 修饰符进行标记，详见第 10 章"再谈类型、方法和类"。

- 不允许使用没有参数的构造函数。
- 结构体带有一个默认构造函数，它会根据默认类型自动将所有变量设置为其默认值。

每个角色都需要一把好武器，而武器就非常适合用基于类的结构体对象来定义。具体原因会在"理解引用和值类型"部分中进行讲解。首先，让我们创建一个结构体实际体验一下。

实践——创建 Weapon 结构体

角色需要武器来通过重重关卡，简单结构体是武器的理想选择。

(1) 在 Character 脚本中创建一个名为 Weapon 的公共结构体。确保它在 Character 类的花括号之外：

- 为 string 类型的 name 添加一个字段。
- 为 int 类型的 damage 添加另一个字段。

注意：

虽然可以将类和结构体相互嵌套，但会导致代码混乱，因而通常不推荐这么做。

```
public struct Weapon
{
    public string name;
    public int damage;
}
```

(2) 使用 name 和 damage 作为参数声明一个构造函数，并使用 this 关键字设置字段值：

```
public Weapon(string name, int damage)
{
    this.name = name;
    this.damage = damage;
}
```

(3) 在构造函数下方添加调试方法，用于输出武器信息：

```
public void PrintWeaponStats()
{
        Debug.LogFormat("Weapon: {0} - {1} DMB", name, damage);
}
```

(4) 在 LearningCurve 脚本中，使用自定义构造函数和 new 关键字创建一个
新的 Weapon 结构体：

```
Weapon huntingBow = new Weapon("Hunting Bow", 105);
```

即使 Weapon 结构体是在 Character 脚本中创建的，由于它在实际的类声明
(花括号)之外，因此它并不是该类本身的一部分。新的 huntingBow 对象使用自
定义构造函数并在初始化时为两个字段提供赋值。

提示：
将脚本限制为单个类是个好主意，把只有某个类使用的结构体包含
在同一个脚本中也是相当常见的做法，例如上面在 Character 脚本中
Weapon 结构体的示例。

现在我们有了一个引用(类)和值(结构体)对象的例子，是时候熟悉它们的每
一个细节了。更具体地说，我们需要了解这些对象是如何各自在内存中传递和
存储的。

5.3   理解引用和值类型

除了关键字和初始字段值外，到目前为止，我们还没有看到类和结构体之
间存在太大的区别。类最适合将复杂操作和在整个程序中可能发生变化的数据
组合在一起；对那些简单对象和在大多数情况下将保持不变的数据，结构体是
更好的选择。除了用途之外，最关键的不同之处在于它们在变量之间传递或赋
值的方式不同。类是引用类型，意味着它是通过引用传递的；结构体是值类型，
这意味着它是按值传递的。

5.3.1 引用类型

当 Character 类的实例被初始化时，hero 和 heroine 变量并不保存它们的类信息，而是保存了对象在程序内存中位置的引用。如果将 hero 或 heroine 分配给另一个变量，则分配的也是内存引用，而不是角色数据。这有几种含义，其中最重要的是，如果有多个变量存储了相同的内存引用，对其中任何一个变量的更改也会影响其他所有变量。

这样的话题通过展示比解释更易理解，接下来让我们在实际案例中进行尝试。

实践——创建新英雄

现在来测试一下 Character 类是否是引用类型。

(1) 在 LearningCurve 脚本中声明一个新的 Character 变量，命名为 hero2。将 hero 赋值给 hero2，并使用 PrintStatsInfo 方法打印出两组信息。

(2) 单击 **Play** 按钮并查看控制台中显示的两条调试日志：

```
Character hero = new Character();
Character hero2 = hero;

hero.PrintStatsInfo();
hero2.PrintStatsInfo();
```

(3) 两条调试日志应是相同的，因为 hero2 在创建时已用 hero 赋值。此时，hero2 和 hero 都指向了 hero 在内存中的位置，如图 5-6 所示。

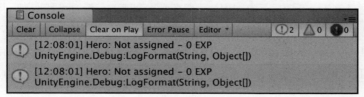

图 5-6

(4) 现在，将 hero2 的 name 字段修改一下，然后再次单击 **Play**：

```
Character hero2 = hero;
hero2.name = "Sir Krane the Brave";
```

在图 5-7 中，可以看到 hero 和 hero2 现在具有相同的 name 信息，即便只有一个角色的数据发生了更改。这告诉我们需要谨慎对待引用类型，当将其赋值给新变量时，它们不会被复制。对一个引用所做的任何更改都会贯穿并影响所有其他持有相同引用的变量。

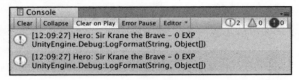

图 5-7

如果想复制一个类，要么创建一个新的、单独的实例，要么重新考虑结构体是否是作为对象蓝图的更好选择。下一节，将更进一步了解值类型。

5.3.2　值类型

创建结构体对象时，其所有数据都存储在其相应的变量中，不存在指向内存位置的引用或连接。因此，结构体适合创建需要快速、高效复制且同时保持独立性的对象。

在接下来的实践环节，用 Weapon 结构体尝试一下复制对象。

实践——复制武器

通过将 HuntingBow 复制到一个新变量来创建一个新的武器对象，并更新其数据以查看更改是否同时影响两个结构。

(1) 在LearningCurve脚本中声明一个新的Weapon结构体，命名为warBow，并将 HuntingBow 指定为其初始值：

```
Weapon huntingBow = new Weapon("Hunting Bow", 105);
Weapon warBow = huntingBow;
```

(2) 使用调试方法打印出每个武器的数据：

```
huntingBow.PrintWeaponStats();
warBow.PrintWeaponStats();
```

(3) 以目前的设置方式，huntingBow 和 warBow 将具有相同的调试日志，如图 5-8 所示，就像上一节中在更改任何数据之前对两个角色所做的那样。

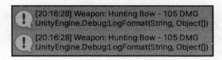

图 5-8

(4) 将 warBow.name 和 warBow.damage 字段更改为想要的值，然后再次单击 **Play** 按钮：

```
Weapon warBow = huntingBow;

warBow.name = "War Bow";
warBow.damage = 155;
```

如图 5-9 所示，控制台将显示仅有 warBow 相关的数据被更改，而 huntingBow 仍保留其原始数据。这个例子告诉我们，结构体作为单独对象很容易被复制和修改，而类保留了对其原始对象的引用。现在我们对结构和类的工作原理有了足够的了解，可以开始讨论面向对象编程以及它在编程中的作用。

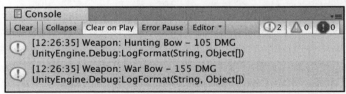

图 5-9

既然已经了解了引用和值类型在实际场景中的运行方式，就可以深入研究编程最重要的主题之一：面向对象编程。这是在 C#编程中使用的主要编程范式和体系结构。

5.4   植入面向对象的思维

如果类和结构体的实例是程序的蓝图，那么面向对象编程就是将所有内容结合在一起的架构。之所以将面向对象编程称为编程范式，是因它从整体的角度为程序应该如何运作和通信规范了具体原则。从本质上讲，面向对象编程更关注对象，比如它们所持有的数据、如何驱动行为以及如何相互通信，而不是关注纯粹的顺序逻辑。

物理世界中的事物也是以类似的方式运作的。当在自动售货机买饮料时，我们会从中拿起一瓶汽水，而不是瓶内的液体本身。饮料瓶是一个对象，将相关信息和操作组合在一个自成一体的包中。但是，无论是在编程中还是在自动售货机中，处理对象时都有一些规则要遵守。例如，谁可以访问它们，也就是对于周围的所有对象的操作，既有普遍通用的，也有各种不同的。用编程术语来说，这些规则是面向对象编程的主要组成部分，它们就是：封装、继承和多态。

5.4.1   封装

面向对象编程的优点之一便是它支持封装，即可定义允许外部代码(有时称为调用代码)对某一对象的变量或方法的访问能力。以汽水瓶为例，在自动售货机中，可做的交互是有限的。由于机器是锁着的，不是任何人都可以拿走汽水瓶。如果恰好有合适的钱币，就将被允许临时访问它，但数量有限。如果机器本身被锁在房间内，那就只有拥有门钥匙的人才会知道汽水瓶的存在。

那么该如何设置这些限制？答案很简单，我们其实一直在通过为对象的变量和方法指定访问修饰符来使用封装。如果需要复习，请重温第 3 章中有关访问修饰符的部分。

在下一节中将尝试一个简单的封装示例，以了解封装在实践中是如何工作的。

实践——添加重置功能

由于 Character 类是公开的，它的字段和方法也是公开的。但是，如果想要一种可以将角色数据重置回其初始值的方法该怎么办呢？若用公共方法显然很便利，但如果意外调用它可能会造成灾难性的后果。因此，更建议将其标记为私有对象成员：

(1) 在 Character 类内部创建一个名为 Reset 的私有方法，没有返回值。

- 将 name 和 exp 变量分别设置回"Not assigned"和 0：

```
private void Reset()
{
    this.name = "Not assigned";
    this.exp = 0;
}
```

(2) 尝试从 LearningCurve 脚本中，在打印出 hero2 数据后调用 Reset( )方法。

```
14
15          hero.PrintStatsInfo();
16          hero2.PrintStatsInfo();
17          hero2.Reset();
Error: 'Character.Reset()' is inaccessible due to its protection level
```

图 5-10

此时可能会怀疑是不是 Visual Studio 出了问题，答案当然不是。将方法或变量标记为私有将使其无法使用点符号进行访问。如果手动输入方法并将鼠标悬停在 Reset( )方法上，将看到有关 Reset( )方法被受保护的错误提示消息，如图 5-10 所示。

注意：
封装确实允许对象进行更复杂的可访问性设置，但就目前而言，public 和 private 两种成员方式已经足够满足我们的使用需求。在下一章丰富游戏原型时，我们将根据需要添加不同的修饰符。

现在，来谈谈继承，它将是我们未来在游戏中为类创建层次结构时最好的伙伴。

5.4.2   继承

如同在实际应用中,可以基于一个类的映像创建另一个 C#类,后者共享前者的成员变量和方法,且能够定义其独有的数据。在面向对象编程中,这种机制被称为继承,它是一种无须重复代码即可创建相关类的强大方式。再以汽水为例,市场上有许多具有相同基本特性的汽水,此外还有一些特别的汽水。特别的汽水也具有相同的基本特性,但同时还具有不同的品牌或包装,使它们与众不同。放眼望去,很明显它们都是汽水,但它们也显然各不相同。

原始类通常称为基类或父类,而继承类称为派生类或子类。任何用 public、protected 或 internal 访问修饰符标记的基类成员都会自动成为派生类的一部分,但构造函数除外。类的构造函数总是属于包含它们的类,但仍可以从派生类中使用它们,以减少重复代码。

大多数游戏都有不止一种类型的角色,所以让我们创建一个名为 Paladin 的新类,它继承自 Character 类。可以将这个新类添加到 Character 脚本中或创建一个新类:

```
public class Paladin: Character
{

}
```

正如 LearningCurve 脚本继承自 Monobehavior 类一样,需要添加一个冒号和想要继承的基类,其余的由 C#来完成。现在任何 Paladin 实例都可以访问 name 属性和 exp 属性以及 PrintStatsInfo ( )方法。

提示:
通常认为较好的做法是为不同的类创建一个新的脚本,而不是将它们添加到现有的类中,使脚本相互分隔以避免在任何单个文件中包含太多代码行(称为膨胀文件)。

继承的类如何处理它们的构造方法呢?以下部分将会介绍。

基类构造函数

当一个类继承自另一个类时，父类的成员变量向下汇入它的任何派生子类，形成一个类似金字塔的形态。父类不知道其子类的存在，但所有子类都能回溯到它们的父类。可以通过一个简单的语法编辑直接从子类构造函数调用父类构造函数：

```
public class ChildClass: ParentClass
{
    public ChildClass(): base()
    {

    }
}
```

base 关键字代表父类构造函数，在本例中即为默认构造函数。但是，由于 base 代表构造函数，而构造函数是一个方法，因此子类可以将参数沿金字塔向上传递给其父类构造函数。

实践——调用基类构造函数

因为希望所有 Paladin 对象都要有一个名字，而 Character 类已有一个构造函数来解决这个问题，因此可以直接从 Paladin 类中调用基类构造函数，省去重写构造函数的麻烦。

(1) 向 Paladin 类添加一个构造函数来接受一个名为 name 的 string 类型参数：

● 使用冒号和 base 关键字调用父类构造函数，传入名称：

```
public class Paladin: Character
{
    public Paladin(string name): base(name)
    {
    }
}
```

(2) 在 LearningCurve 脚本中创建一个名为 Knight 的 Paladin 新实例：

● 用基类构造函数为 name 赋值。

- 从 Knight 实例调用 PrintStatsInfo( )方法并查看控制台。

```
Paladin knight = new Paladin("Sir Arthur");
knight.PrintStatsInfo();
```

如图 5-11 所示，调试日志的输出与其他 Character 实例相似，但 name 值为给 Paladin 构造函数的赋值。当 Paladin 构造函数触发时，它会将 name 参数传递给 Character 构造函数来设置 name 值。这本质上相当于使用 Character 构造函数来完成 Paladin 类的初始化工作，使 Paladin 构造函数只负责初始化其独特的属性，尽管目前它还没有这些独特的属性。

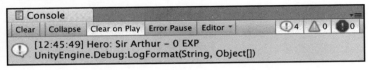

图 5-11

有时还会想从其他现有对象的组合中创建新对象。以乐高为例，搭乐高并不是从零开始建造，而是提供了不同颜色和结构的块可以使用。在编程术语中，这称为组合，我们将在下一节中讨论。

5.4.3　组合

除了继承，类还可以由其他类组成。以 Weapon 结构体为例。Paladin 类可以轻松地在自身内部包含一个 Weapon 变量，并可以访问其所有属性和方法。下面通过更新 Paladin 类来接受一个起始武器，并在构造函数中为其赋值：

```
public class Paladin: Character
{
    public Weapon weapon;

    public Paladin(string name, Weapon weapon): base(name)
    {
        this.weapon = weapon;
    }
}
```

由于武器(weapon)是圣骑士(Paladin)独有的，而不是属于所有角色(character)的，我们需要在构造函数中设置其初始值。同时还需要更新 Knight 实例以包含一个 Weapon 变量。所以，如果角色使用猎弓(huntingBow)的话：

```
Paladin knight = new Paladin("Sir Arthur", huntingBow);
```

如果现在运行游戏，并不会看到任何不同，因为我们使用的是 Character 类的 PrintStatsInfo( )方法，它并不知道 Paladin 类的武器属性。为了解决这个问题，就需要引入多态。

5.4.4 多态

多态是希腊语中多形的意思，它以两种不同的方式应用于面向对象编程。

● 派生类对象的处理方式与父类对象相同。例如，一个由 Character 类对象构成的数组也可以存储 Paladin 对象，因为它们派生自 Character。

● 父类可以将方法标记为虚拟方法(Virtual)，这意味着派生类可以使用 override 关键字修改其指令。在 Character 和 Paladin 的例子中，如果它们可以通过 PrintStatsInfo( )方法调试输出不同的信息，此种方式便会很有用处。

多态允许派生类保持其父类的结构，同时还可以自由地定制操作以满足其特定需求。让我们将这个新知识应用到角色的调试方法中。

实践——功能的变体

修改 Character 和 Paladin 类，使用 PrintStatsInfo( )方法输出不同的调试信息。

(1) 在 public 和 void 之间添加 virtual 关键字，以修改 Character 类的 PrintStatsInfo( )方法。

```
public virtual void PrintStatsInfo()
{
    Debug.LogFormat("Hero: {0} - {1} EXP", name, exp);
}
```

(2) 使用 override 关键字在 Paladin 类中声明 PrintStatsInfo ( )方法。

- 添加调试日志以任意方式打印出 Paladin 属性:

```
public override void PrintStatsInfo()
{
    Debug.LogFormat("Hail {0} - take up your {1}!", name,
      weapon.name);
}
```

这可能看起来有点像之前说过不被提倡的、重复的代码,但在此处却是一种特殊情况。在 Character 类中将 PrintStatsInfo 方法标记为 virtual 旨在告诉编译器,此方法根据调用类可以产生不同的行为,即是多态的。当在 Paladin 中声明重载的 PrintStatsInfo( )方法时,相当于添加了仅适用于该类的自定义行为。鉴于多态机制的存在,我们不必从 Character 或 Paladin 类中选择调用哪个版本的 PrintStatsInfo( )方法,因为编译器已经知道应调用的版本。控制台输出如图 5-12 所示。

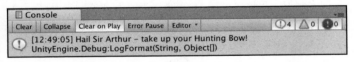

图 5-12

我们介绍了很多内容,因此请务必在继续之前查看下一节中的综述!

5.4.5   面向对象编程综述

鉴于本节内容较多,因此在最后一起回顾一下面向对象编程的一些要点:
- 面向对象编程本质上是将相关的数据和行为组合到对象中,这些对象可以相互通信,同时各自的行为又相互独立。
- 可以通过像操作变量一样的方式,使用访问修饰符来对类成员进行访问。
- 类可以继承自其他类,从而形成自上而下的父/子关系层次结构。
- 类可以有其他类或结构类型的成员。
- 类可以覆盖任何标记为 virtual 的父类方法,使其可以在保持结构不变的同时又能够执行自定义行为。

注意：

面向对象编程并不是 C#唯一可用的编程范式，想了解其他主要方式的实例讲解可访问：http://cs.lmu.edu/~ray/notes/paradigms。

本章学到的所有面向对象编程都直接适用于 C#。然而，我们仍然需要通过 Unity 来实现这一点，这是本章其余部分将重点关注的内容。

5.5　在 Unity 中应用面向对象编程

如果足够了解面向对象编程语言，就一定会听说"一切都是对象"这个在开发者之间广泛流传的说法。根据面向对象编程的原则，程序中的一切都应该是一个对象，而 Unity 中的 GameObjects 可以代表类和结构体。但这并不是说 Unity 中的所有对象都必须出现在游戏场景中，我们仍然可以在场景之外使用新创建的类。

5.5.1　对象是类的行为

在第 2 章中，我们讨论了当脚本添加到游戏对象上时，如何将脚本转换为组件。可将其视为面向对象编程原则中的组合，即 GameObjects 是父容器，可以由多个组件组成。这听起来可能与每个脚本中仅有一个 C#类的想法相矛盾，但与实际需求相比，这更好地提高了可读性。类可以相互嵌套，但也容易使代码变得混乱。尽管如此，将多个脚本组件附加到单个 GameObjects 上依然非常有用，尤其是在处理管理器类或行为时。

提示：

始终尝试将对象分解为它们最基本的元素，再基于这些较小的类使用元素的组合去构建更大、更复杂的对象。修改由小型、可互换组件构成的 GameObject 比修改大型笨重的 GameObject 更容易。

以主摄像机 Main Camera 为例，如图 5-13 所示。

图 5-13

图 5-13 中的每个组件(**Transform**、**Camera**、**Audio Listener** 和 **LearningCurve** 脚本)都是作为 Unity 中的一个类启用的。与 **Character** 或 **Weapon** 的实例一样,当我们单击 Play 按钮时,这些组件将成为计算机内存中的对象,并包含它们的成员变量和方法。

如果我们将 LearningCurve 脚本(或任何脚本或组件)附加到 1000 个 GameObjects 上并单击 **Play** 按钮,则会创建 1000 个独立的 LearningCurve 实例并将其存储在内存中。

甚至可以使用组件名称作为数据类型来创建这些组件的实例。与类一样,Unity 组件类是引用类型,可以像任何其他变量一样创建。但是,查找和分配这些 Unity 组件的方式却略有不同。为此,我们将在下一节中进一步了解 GameObjects 的工作原理。

5.5.2   访问组件

现在我们知道了组件如何作用于 GameObjects,那该如何访问组件的特定实例呢?幸运的是,Unity 中的所有游戏对象都继承自 GameObject 类,这意味着我们可以使用 GameObjects 类的成员方法在场景中找到任何需要的对象。有两种方法可以分配或检索当前场景中激活的游戏对象:

(1) 通过 GameObject 类中的 GetComponent( )或 Find( )方法,这两种方法适

用于公共和私有变量。

(2) 通过将 GameObject 本身从 **Project** 面板直接拖放到 **Inspector** 面板中的变量槽中。此方式仅适用于 C#中的公共变量(或在 Unity 中使用 SerializeField 属性标记的私有变量),因为只有这些变量会在 **Inspector** 面板出现。

注意:
了解有关属性和 SerializeField 的更多信息可访问 Unity 文档:
https://docs.unity3d.com/ScriptReference/SerializeField.html。

先来看看第一个方式的语法。

1. 基本语法

使用 GetComponent( )方法相当简单,但它的方法签名与之前看到的其他方法略有不同:

```
GameObject.GetComponent<ComponentType>();
```

这里所需要的只是要寻找的组件的类型,如果它存在,GameObject 类将返回组件,如果不存在则返回 null。GetComponent( )方法还有其他变体,但这一种是最简单的,因为我们不需要知道正在寻找的 GameObject 类的更多细节。这称为泛型方法,我们将在第 11 章 "栈、队列和 HashSet" 中进一步讨论。但是,现在,让我们来处理 Main Camera 的 Transform。

实践——访问当前的 Transform 组件

由于 LearningCurve 脚本已经附加到 Main Camera,我们只需从 Main Camera 的组件中获取 Transform 组件并将其存储在一个公共变量中即可。

(1) 在 LearningCurve 脚本中添加一个新的公共的 Transform 类型变量,命名为 camTransform。

```
private Transform camTransform;
```

(2) 在 Start( )方法中使用 GameObject 类的 GetComponent( )方法初始化 camTransform:

- 使用 this 关键字，因为 LearningCurve 脚本与 Transform 组件都附加到相同的 GameObject 组件。

(3) 通过点表示法访问和调试 camTransform 的 localPosition 属性：

```
void Start()
{
    camTransform = this.GetComponent<Transform>();
    Debug.Log(camTransform.localPosition);
}
```

这里在 LearningCurve 脚本的顶部添加了一个未初始化的私有 Transform 变量，并使用 Start( )方法中的 GetComponent( )方法对其进行了初始化。GetComponent( )方法找到附加到此 GameObject 组件的 Transform 组件，并将其返回给 camTransform。随着 camTransform 现在存储了一个 Transform 对象，便可以访问它的所有类属性和方法，包括图 5-14 中的 localPosition：

图 5-14

GetComponent ( )方法非常适合快速检索组件，但它只能访问调用脚本附加到指定 GameObject 上的组件。例如，如果我们使用附加到 Main Camera 的 LearningCurve 脚本中的 GetComponent( )方法，就只能访问 **Transform**、**Camera** 和 **Audio Listener** 组件。

如果想在一个单独的游戏对象上引用一个组件，比如 **Directional Light**，就需要首先使用 Find ( )方法获取对该对象的引用。所需要的参数只是一个游戏对象的名称，Unity 将返回适配的游戏对象供我们存储或操作。

作为参考，每个游戏对象的名称都可以在选中对象的 **Inspector** 选项卡顶部找到，如图 5-15 所示：

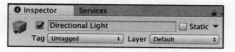

图 5-15

在 Unity 中找到游戏场景中的对象至关重要，需要多加练习。下面练习锁定指定对象并为其分配组件。

实践——在不同的对象上寻找组件

这次换用 Find( )方法并从 LearningCurve 脚本中检索 Directional Light 对象。

(1) 在 camTransform 声明语句的下方添加两个公共变量，一个为 GameObject 类型，另一个为 Transform 类型：

```
public GameObject directionLight;
private Transform lightTransform;
```

(2) 用名称找到 Directional Light 组件，并用它来初始化 Start( )方法中的 directionLight：

```
void Start()
{
    directionLight = GameObject.Find("Directional Light");
}
```

(3) 将 lightTransform 的值设置为附加到 directionLight 上的 Transform 组件，并调试其 localPosition 属性。由于 directionLight 现在是所属对象，GetComponent( )方法可以正常工作：

```
void Start()
{
    directionLight = GameObject.Find("Directional Light");

    lightTransform = directionLight.GetComponent<Transform>();
    Debug.Log(lightTransform.localPosition);
}
```

可以通过链式调用方式，将方法连在一起调用，从而减少代码步骤。例如，可以通过组合 Find( )和 GetComponent( )方法，在同一行中初始化 lightTransform，而无须使用中间变量 directionLight:

```
GameObject.Find("Directional Light").GetComponent<Transform>();
```

提示:
在处理复杂的应用程序时，过长的链式代码会导致可读性变差并可能造成误解。依据经验，尽量避免比此示例更长的代码行。

虽然可以在代码中查找对象，但也可以简单地将对象本身拖放到 **Inspector** 面板中。下一节将演示使用方法。

2. 拖放对象

前面介绍了重度依赖代码的解决方式，下面快速了解一下 Unity 的拖放功能。尽管拖放比在代码中使用 GameObject 类要快得多，但 Unity 有时会在保存或导出项目或 Unity 更新时丢失以这种方式创建的对象和变量之间的连接。当需要快速分配一些变量时，可以使用此功能。但在大多数情况下，仍建议坚持使用代码的方式。

实践——在 Unity 中分配变量

更改 LearningCurve 脚本，以展示如何使用拖放来分配 GameObject 组件。

(1) 注释掉以下代码行，也就是使用 GameObject.Find( )方法检索 Directional Light 对象并将其分配给 directionLight 变量的代码:

```
//directionLight = GameObject.Find("Directional Light");
```

(2) 选中 **Main Camera** 对象，将 **Directional Light** 拖到 LearningCurve 组件中的 **Direction Light** 字段，然后单击 **Play** 按钮，如图 5-16 所示:

图 5-16

Directional Light 游戏对象现在已分配给 directionLight 变量。不需要编写任何代码，因为 Unity 在内部分配了变量，不需要修改 LearningCurve 类。

注意：

在决定是使用拖放还是 GameObject.Find( )方法分配变量时，需要了解以下两点。首先，Find( )方法稍微慢一些，如果在多个脚本中多次调用该方法，则会导致游戏出现性能问题。其次，需要确保所有GameObject 在场景层次结构中都有唯一的名称，否则，在有多个同名对象或自动重命名的情况下，可能会产生一些令人讨厌的 bug。

5.6　本章小结

完成类、结构和面向对象编程的学习标志着关于 C#基础知识的部分的结束。在本章，我们学习了如何声明类和结构体，它们是要制作的每个应用程序或游戏的骨架。我们还学习了这二者之间传递和访问方式的差异以及它们与面向对象编程的联系。最后，我们初步接触了面向对象编程的核心，即如何使用继承、组合和多态创建类。

识别相关数据和行为、创建蓝图以赋予它们形体，并使用实例来构建交互是处理任何程序或游戏的坚实基础。再加上访问组件的能力，便具备了成为Unity 开发人员的基本素质。

第 6 章将深入介绍游戏开发的基础知识，并直接在 Unity 中编写控制对象行为的脚本。我们将从完善一个简单的开放世界冒险游戏开始，在场景中使用游戏对象，并在最后为角色准备一个白盒环境。

5.7   小测验——OOP 的相关内容

1. 用什么方法可以处理类内部的初始化逻辑？
2. 作为值类型，结构体是如何传递参数的？
3. 面向对象编程的主要组成部分是什么？
4. 应使用哪个 GameObject 类方法来查找附加到与调用类相同游戏对象上的组件？

第 *6* 章
亲手实践 Unity

创建游戏远不止是通过代码模拟行为。设计、故事、环境、光照和动画也都为游戏的制作起到了重要作用。游戏首先是一种体验，而一段美好的体验不能只靠代码来实现。

在过去的十年中，Unity 通过为程序员和其他人士提供各种先进工具，走在了游戏开发的第一线。使用 Unity 编辑器，不需要代码就可以直接实现动画、特效、音频、环境设计等等。我们将在之后为 Hero Born 项目具体设定开发需求、制作环境以及实现机制时再来探讨这些主题。现在，先对游戏设计进行专题介绍。

游戏设计理论研究范围广泛，掌握其所有诀窍可能需要穷尽整个职业生涯。本章仅涉及基础知识，旨在为后续内容的学习铺路，更深入的研究则取决于个人进一步的探索！

本章重点：
- 游戏设计入门
- 构建关卡
- GameObject 与预制件
- 光照基础
- 在 Unity 中制作动画
- 粒子系统

6.1 游戏设计入门

在开始任何游戏项目之前，对想要构建的内容进行蓝图规划非常重要。有时起初的构想非常清晰，但到了要创建角色类或环境的时候，却发现项目的走向似乎偏离了初衷。这时候，就需要游戏设计来帮助我们规划好以下几点。

- **概念**：对游戏的全局理念和设计，包括游戏类型和玩法风格。
- **核心机制**：角色可以在游戏中使用的可玩功能或互动方式。常见的游戏机制包括跳跃、射击、解谜、驾驶等。
- **控制方案**：玩家用来控制游戏角色、环境交互和其他可执行动作的键位映射。
- **故事**：推动游戏发展的背景叙事，用于在玩家与游戏世界之间建立共情与关联。
- **艺术风格**：游戏的总体观感，并体现在从角色、界面美术到关卡和环境设计的各方面。
- **胜负条件**：决定游戏输赢的规则，通常由一些可能会遭遇失败的目标构成。

这些主题绝非游戏设计的详尽清单，不过可以作为编写游戏设计文档的起点。

6.1.1 游戏设计文档

如果用谷歌搜索"游戏设计文档"，会得到大量的文本模板、格式规则和内容指导等信息，过多的内容往往会使新手程序员望而生畏。事实上，团队或公司在创建设计文档时，都会根据自身情况进行定制，所以一份适合个人需求的设计文档，其实远比网上看到的那些要简单许多。

一般而言，设计文档有如下三种类型。

- **游戏设计文档(Game Design Document, GDD)**：游戏设计文档主要包括游戏玩法、氛围、故事、游戏体验等一切与游戏本身有关的内容。根据游戏的不同，文档可能有几页到几百页不等。

- **技术设计文档**(Technical Design Document，TDD)：技术设计文档侧重于所有与游戏技术相关的内容，从运行游戏的硬件，到需要构建出的类和程序架构。和游戏设计文档一样，技术设计文档的大小也会因项目而异。

- **单页文档**(One-Page)：单页文档经常用于市场宣传，本质上就是一张游戏快照。顾名思义，文档的长短应保持在一页之内。

提示：

游戏设计文档没有限定的内容或格式标准。可以在正文中添加几张能够激发灵感的参考图片，也可以在页面布局上大胆创新——完全由我们自己决定要如何表达对游戏的愿景。

我们要制作的游戏 Hero Born 较为简单，不需要像 GDD 或 TDD 那样详尽的文档，只需要创建一份单页文档来对项目目标及背景信息进行追踪。

6.1.2　Hero Born 游戏单页文档

为了确保项目按需推进，这里已经梳理好了一份简单的文档，上面列有 Hero Born 游戏原型的基础设定，如图 6-1 所示。浏览这份文档，思考如何将已经学到的编程知识付诸实践。

> **概念**
> 游戏原型的重点是潜行躲避敌人并收集治疗道具，还包含一部分 FPS(First-person shooter，第一人称射击)的内容。
>
> **可玩性**
> 主要机制围绕利用可见度(Line of sight，LoS)来领先巡逻中的敌人并收集所需道具。
> 战斗包含向敌人射击，这会自动触发反击响应。
>
> **接口**
> 使用 WASD 键或方向键控制移动，鼠标控制摄像机。使用空格键射击，通过对象碰撞收集道具。
> 简单的 HUD(Head Up Display，抬头显示系统)将显示玩家收集到的道具和剩余子弹数量，以及一个常规血条栏来显示玩家生命值。
>
> **艺术风格**
> 为了快速高效地开发原型，关卡和角色的艺术风格将全部采用原始 GameObject。如有需要，之后可以替换为 3D 模型或地形环境。

图 6-1

掌握了游戏骨架后，就可以开始构建原型关卡来实现上述游戏体验了。

6.2   构建关卡

在构建游戏关卡时，始终应该从玩家视角进行思考。我们希望玩家在游戏
环境中看见些什么，感受到什么，与什么进行交互呢？在打造游戏世界的过程
中，一定要注意与玩家获得感保持一致。

具体操作可以通过在 Unity 中选择地形(Terrain)工具来创建室外环境，任意
组合基本形状和其他几何体来布局室内摆设。也可以将其他程序(例如 Blender)
中的 3D 模型导入 Unity，用作场景中的对象。

 注意:
有关 Unity 地形工具的详尽介绍，可访问 https://docs.unity3d.com/
Manual/script-Terrain.html。如有进一步需求，Unity 资源商店上另有
免费的 Terrain Toolkit 2017 工具包,可访问 https://assetstore.unity.com/
packages/tools/terrain/terrain-toolkit-2017-83490。

Hero Born 项目将设置一个类似于竞技场的简单室内场景,这样的环境既便
于玩家走动，又有几个角落可供隐藏。整个场景可全部通过 Unity 自带的原始
对象搭建，这些对象可以轻松地在 Unity 中创建、缩放和摆放。

6.2.1   创建原始对象

在平时玩的游戏中，经常可以看到那些效果逼真，仿佛穿过屏幕就触手可
及的物体，你也许会想知道怎样才能做出游戏中的模型呢？幸运的是，Unity
有一套原始 GameObject,可以在此刻帮助我们快速地完成原型设计。虽然这些
对象不够精致高清,但对于还处在 Unity 探索阶段的个人或正缺少 3D 美术师的
开发团队，它们可是大救星。

如图 6-2 所示，在 **Hierarchy** 面板的左上角，单击 **Create | 3D Object**，会
看到一系列选项，其中约有一半可用来创建原始对象或常用形状。

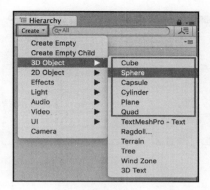

图 6-2

其他选项，例如 **Terrain**、**Wind Zone** 和 **Tree**，这些 3D 对象在更进阶的场合才会使用到，如感兴趣可自行尝试。这里就先循序渐进，从创建竞技场所需的地面开始。

实践——创建地面

要创建用来行走的地面，具体步骤如下所示：

(1) 在 **Hierarchy** 面板中，单击 **Create**｜**3D Object**｜**Plane**，创建一个 Plane 对象。

(2) 在 **Inspector** 面板中，将这个对象重命名为 Ground。

● 将 X、Y 和 Z 轴的 **Scale**(缩放)更改为 3，如图 6-3 所示。

图 6-3

(3) 如果场景中的光照看上去较暗或与图 6-4 不同，可以按照图 6-4 在

Directional Light 组件中，增加光的 **Intensity**(强度)值：

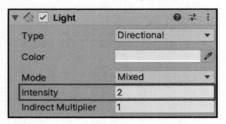

图 6-4

通过上述步骤，就创建好了一个 Plane 对象，并放大了它的尺寸，来为将来角色的四处走动留有足够的空间。需要强调的是，这块 3D 平面会遵循现实生活中的物理规则，也就是说，其他对象无法直接穿过它下落。在之后的第 7 章"角色移动、摄像机以及碰撞"中，将更多地谈论 Unity 物理系统及其工作原理。现在，先来聊一聊 3D 思维。

6.2.2　用 3D 思维思考

有了场景中的第一个 3D 对象，就可以开始讨论 3D 空间的知识了。具体来说，就是 3D 对象的位置、旋转和缩放在三维空间中是如何实现的。回想一下高中所学的几何知识，应该会想起具有 x 轴和 y 轴的坐标系。如果要在坐标系上放置一个点，必须要知道 x 坐标和 y 坐标的值。

Unity 同时支持 2D 和 3D 游戏开发。如果制作 2D 游戏，那现有的说明已经足够。但如果要在 Unity 编辑器中处理 3D 空间，那就还会牵涉到 z 轴。z 轴映射着深度或透视关系，从而赋予空间和对象立体感。

一开始接触这些概念可能会觉得难以掌握，好在 Unity 提供了一些不错的视觉辅助工具，可以帮助我们理清头绪。在 **Scene** 视图的右上角会有一个立体几何图标，其中 x、y 和 z 轴分别标记为红色、绿色和蓝色。此外，场景中的对象在被选中时，也会在图标中显示坐标轴指示箭头，如图 6-5 所示。

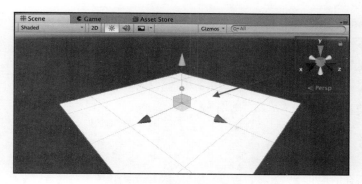

图 6-5

　　场景右上角的几何图标将始终表示场景和放置在其中的对象的当前方向。单击任一色彩的坐标轴，都会让当前场景方向切换到这根轴的指向。可以亲自在编辑器上试一下，以便对场景视角的转换有一些直观的感受。

　　观察下图中 **Ground** 对象的 **Transform** 组件，会看到 Position(位置)、Rotation(旋转)和 Scale(缩放)都是由这三个轴定义的。位置决定了对象摆放在场景中的地点，旋转主导着它的角度，缩放则负责它的大小，设置的界面如图 6-6 所示。

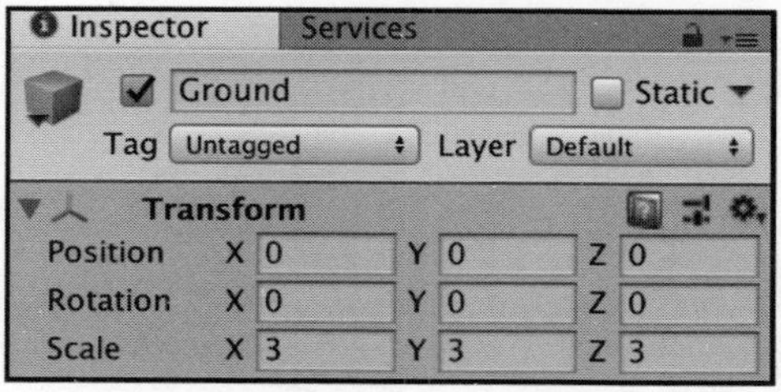

图 6-6

　　这里引出了一个有趣的问题：所设的这些位置、旋转和缩放参照的原点是什么？答案取决于在 Unity 中使用的相对空间是 **World**(世界)空间还是 **Local**(本地)空间。

　　世界空间(World space)使用场景中固定的原点作为所有游戏对象的参考点。在 Unity 中，此原点为(0,0,0)，即在 x、y 和 z 轴上都为 0，正如图 6-6 中

Ground 对象的 **Transform** 组件里看到的那样。

本地空间(Local space)使用对象父级的 Transform 信息作为其原点，本质上其实是将场景的视角改到了以这个原点为中心。

世界空间和本地空间各有适用的场合，本章稍后再作详细介绍。下面将使用材质来改变地面平淡无奇的视觉状态。

6.2.3   材质

现在的地面不太好看，可以使用材质(Material)让关卡看起来更生动。材质控制着 GameObject 在场景中的渲染方式，效果由材质的着色器(Shader)决定。可以认为着色器负责将光照和纹理数据组合起来，进而呈现出材质看起来的样子。

每个 GameObject 一开始就具有默认材质和着色器(图 6-7 来自 **Inspector** 面板)，颜色被设置为标准白色：

图 6-7

要更改对象的颜色，我们首先需要创建材质，再将材质拖放到这个对象上。记住，在 Unity 中的一切都必须是对象——材质同样不例外。材质可以根据需求在任意数量的 GameObject 上重复使用，但如果对它进行更改，改变也将作用于该材质附加到的所有对象。举个例子，假设场景中有几个敌人对象使用的材质本来设置为红色，现在把这个材质的基色改为蓝色，那么所有的敌人都将变为蓝色。

蓝色也是一种显眼的颜色，不妨就将地面改为蓝色。

实践——更改地面颜色

创建一个新材质，将地面从乏味的白色变更为显眼的深蓝色，具体步骤如下所示(见图 6-8)：

(1) 在 **Project** 面板中，创建一个新文件夹，命名为 Materials。

(2) 右击 **Materials** 文件夹，从弹出的菜单中选择 **Create | Material**，创建一个新材质，将其命名为 Ground_Mat。

(3) 单击 **Albedo** 属性旁边的颜色框，然后在弹出的 **Color** 窗口中选择所需颜色，完成后关闭窗口。

(4) 将 Ground_Mat 材质拖放到 **Hierarchy** 面板中的 Ground 对象上。

图 6-8

创建的材质属于项目资产(Asset)。通过将 Ground_Mat 材质拖放到 Ground 对象上，使地面颜色发生了变化，这也意味着之后对 Ground_Mat 材质所做的任何更改都将反映在 Ground 对象上，如图 6-9 所示。

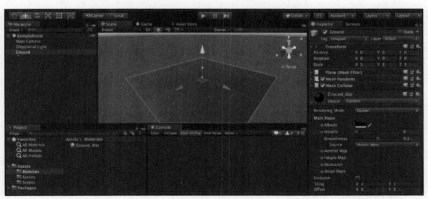

图 6-9

地面相当于 3D 空间中的画布(Canvas)，其中放置的不再是 2D 对象，而是各种 3D 对象。如何在这块"画布"上为未来的玩家布置出有趣好玩的环境呢？

6.2.4　白盒

白盒是一个设计术语，指的是使用占位符(Placeholder)排布出构想的内容，将来再用做好的资源替换它们。具体应用到关卡设计中，就是使用原始 GameObject 大致搭建出环境，以便对想要的关卡外观形成基本概念。这有助于开展工作，尤其是在游戏的原型设计阶段。

在使用 Unity 进行处理之前，笔者喜欢先画出关卡的基本布局和位置的简易草图。这会为后续开发提供一些方向，也有助于当下更快地布置好环境。图 6-10 中展示了笔者脑海中的竞技场，中间有一个高起的平台(Platform)，可通过坡道(Ramp，即下图中标注的 Access Walkway)进入，每个角落都还配有一个小炮塔(Turret)：

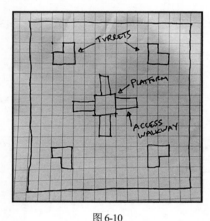

图 6-10

提示：
画得不好没关系，这里的重点是要将想法直观地表示出来，并在开始使用 Unity 之前理清所有的设计问题。

在将草图变为正式项目之前，先来熟悉一些 Unity 编辑器的界面操作，以便更轻松地进行白盒阶段的制作。

1. 编辑器工具

我们在第 1 章中简单地讨论过 Unity 界面，现在来回顾并深化一下对 Unity 编辑器的了解，以便更高效地操作游戏对象。Unity 编辑器的工具栏界面如图 6-11 所示。

图 6-11

针对上图工具栏(Toolbar)中的每一项分别进行介绍。

- 手形(Hand)：平移以更改在场景中的位置。
- 移动(Move)：拖动相应轴箭头，分别沿 x、y 和 z 轴移动对象。
- 旋转(Rotate)：拖转标记的相应部位来调整对象的旋转。
- 缩放(Scale)：拖动指定轴来修改对象的比例。
- 矩形变换(Rect Transform)：移动、旋转和缩放工具功能三合一。
- 移动、旋转和缩放(Move, Rotate, and Scale)：可同时控制对象的位置、旋转和缩放，但与矩形变换使用的视觉辅助工具不同。
- 自定义编辑器工具(Custom Editor Tools)：访问为编辑器创建的所有自定义工具(自定义编辑器工具属于更高阶内容，本书中不多介绍，略加了解即可。更多信息请参阅文档：https://docs.unity3d.com/2020.1/Documentation/ScriptReference/EditorTools.EditorTool.html)。

> **注意:**
> 关于场景内导航和 GameObject 定位的更多信息，可访问
> https://docs.unity3d.com/Manual/PositioningGameObjects.html。

在场景内进行平移和导航的还有另一套工具，虽然它们不是 Unity 编辑器界面中的工具，但对于在 Unity 编辑器内的操作也非常实用。

- 需要环顾四周，可以按住鼠标右键来平移摄像机。

- 需要四处移动但保持摄像机方向不变，可以按住鼠标右键并使用 WASD 键分别向前、向后、向左和向右移动。
- 按 F 键可以放大并聚焦在选定的 GameObject 上。

注意：
这种场景导航通常称为飞越模式(Fly-through Mode)。在后文中如果提到要聚焦或导航到特定的对象或视角时，请组合使用这些功能。

提示：
熟悉 **Scene** 视图的过程也是一种挑战，但熟能生巧。更详尽的场景导航功能列表可访问 https://docs.unity3d.com/Manual/SceneView-Navigation.html。

由于地面不会被穿透，所以像玩家角色这样的 3D 对象都可以脚踩地面、自由行走，可一旦跨出地面边界，也会失足下坠。所以需要在竞技场周边筑墙，让玩家有一个封闭的活动区域。

勇者的试炼——搭建墙壁

使用 Cube(立方体)原始对象和工具栏，通过移动、旋转和缩放工具在关卡周围放置四面墙，以分隔出主要的竞技场区域。图 6-12 可作为参考。

注意：
本章起将不再提供精确的墙壁位置、旋转或缩放值。理论源于实践，笔者建议诸位勤加练习，亲自上手体验 Unity 编辑器的各种工具。

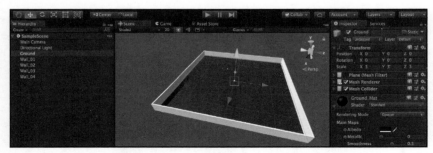

图 6-12

经过这番"施工",竞技场逐渐成形!在进行下一步之前,先来清理一下对象的层级结构。

2. 保持层级整洁

通常情况下,笔者会将建议类的内容放在某一节的末尾提示区,但现在要讨论的主题太重要了,必须在正文中阐述。这个主题就是务必要保持层级整洁有条理。具体执行起来,就是把所有相关的 GameObject 都放在一个父对象下,类似于将某些相关联文件放在一个文件夹中。由于现在我们的场景中只有少数几个对象,不进行整理的后果不算严峻,但随着项目日益壮大,当场景中的对象达到数百个时,未经清理的层级终会让项目开发变成一场灾难。

实践——使用空对象

现在关卡中已经有一些对象可以加以组织,而这在 Unity 里也非常容易操作,因为可以创建空的 GameObject。空对象是将相关对象组合在一起的完美容器,它没有附加其他组件,就只是充当一个外壳。

下面就通过一个常规的空对象,将地面和四面墙组合在一起。具体步骤如下所示:

(1) 在 **Hierarchy** 面板中,选择 **Create | Create Empty**,创建一个空对象,命名为 Environment。

(2) 选中 **Environment** 空对象,并检查其 position 的 X、Y 和 Z 是否都设为 0。

(3) 将表示地面和四面墙的对象都拖放到 **Environment** 对象上,使它们成为其子对象,如图 6-13 所示。

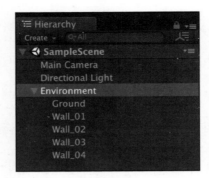

图 6-13

在 **Hierarchy** 面板中，**Environment** 作为父对象，而竞技场里的对象都是其子对象。可以通过箭头图标，来展开或折叠 **Environment** 对象的层级，这样 **Hierarchy** 面板就不那么凌乱了。

将 **Environment** 对象上 position 的 X、Y 和 Z 都设为 0 非常重要，因为子对象位置现在会与父对象位置保持相对关系。在这时候重置父对象的位置，能让所有对象一开始都在中央均匀分布。

3. 使用预制件

预制件是 Unity 中最强大的工具之一。它不仅能在关卡构建中发挥作用，也能在脚本编写中大展身手。可以把预制件视为 GameObject，但这种 GameObject 能够保存其子对象、组件、C#脚本和属性设置等并重复使用。一旦创建，预制件就如同一个类蓝图，场景中使用的每个副本都是该预制件的单独实例。因此，对基础预制件(base prefab)所做的任何更改也将改变场景中的所有在用实例。

现在的竞技场看起来有点空旷，正好可以作为我们创建和编辑预制件的理想场所。

实践——创建炮塔

我们希望在竞技场的 4 个角落放置 4 个完全相同的炮塔，这恰好是需要预制件上场的时候。具体步骤如下所示。

注意：

再次提醒，这里同样不会提供精确的位置、旋转或缩放值，因为笔者希望诸位通过实操来学习，并多多熟悉 Unity 编辑器的各种工具。之后，如果再看到步骤里缺少具体的值，请亲自动手试出所需的值。

(1) 在 **Hierarchy** 面板中，选中 **Environment** 对象，并单击 **Create | Create Empty**，在 **Environment** 对象之下创建一个空的父对象，命名为 Barrier_01。

(2) 从 **Create** 菜单中，创建两个 **Cube** 原始对象，通过改变位置和缩放摆成炮台的 V 形底座。

(3) 再次创建两个 **Cube** 原始对象，并将它们放置在炮塔底座的两个末端，如图 6-14 所示。

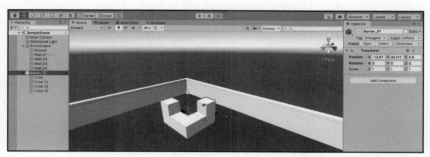

图 6-14

(4) 在 **Project** 面板中，新建一个文件夹，命名为 Prefabs。然后，将 Barrier_01 拖入其中，如图 6-15 所示：

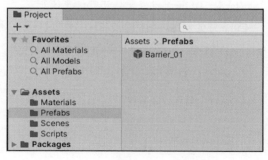

图 6-15

Barrier_01 及其所有子对象现在就合成了一个预制件。接下来，通过从 Prefabs 文件夹中拖放副本到场景中，或直接复制一份场景中的副本，就能进行重复使用。

还可以看到 **Hierarchy** 面板中的 Barrier_01 变为了蓝色，表示其状态已经更改为预制件。而在 **Inspector** 面板中，它的名称下方也多出了一行预制件功能按钮，如图 6-16 所示。

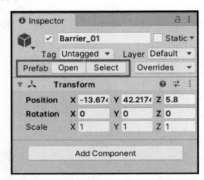

图 6-16

对预制件进行的任何编辑现在都会影响场景中的所有副本。下面就来试一试。

实践——更新预制件

现在炮塔中间有个巨大缺口，用来掩护玩家还不够理想，需要再添加一个立方体。下面更新 Barrier_01 预制件，具体步骤如下所示。

(1) 创建一个 Cube 原始对象，并将其放置在炮塔底座的交点处。

(2) 在 **Hierarchy** 面板中，新添加的 Cube 对象被标记为灰色，其名称旁边还有一个很小的"+"图标，表明它还不是预制件的一部分，如图 6-17 所示。

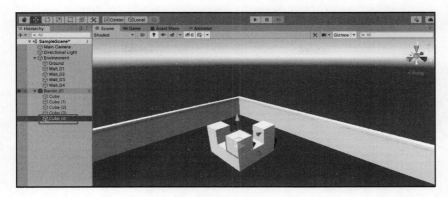

图 6-17

(3) 右击新添加的 Cube 对象并选择 **Added GameObject | Apply to Prefab 'Barrier_01'**，如图 6-18 所示：

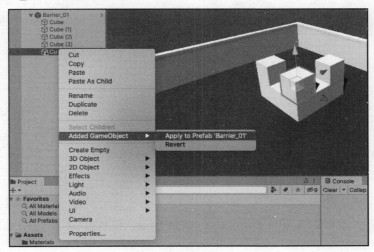

图 6-18

这样，更新后的 Barrier_01 预制件就包含了中间新加的立方体，整个预制件层级也再次变回了蓝色。现在的炮塔预制件看起来就和图 6-18 中的一样了。当然，如果你有其他创意，也可以进一步修改。完成后，下一步需要将炮塔布置在竞技场的每个角落。

实践——完成关卡

有了一个可重复使用的炮塔预制件后，就可以对照本节开头的设计草图，构建出关卡的其余部分。

(1) 将 Barrier_0 预制件复制 3 次，并分别放置在竞技场的不同角落。

(2) 创建一个新的空 GameObject，命名为 Raised_Platform。

(3) 创建一个 Cube 原始对象，并进行缩放，摆成平台的样子。

(4) 创建一个 Plane 原始对象，并进行缩放，摆成坡道的样子。通过改变旋转和位置，使其与平台和地面相连。

(5) 通过在 macOS 上使用"command + D"或在 Windows 上使用"Ctrl + D"来复制坡道对象。然后重复刚才调整旋转和位置的步骤。

(6) 重复 2 次步骤(5)，直到通向平台的 4 个坡道全部完成，如图 6-19 所示。

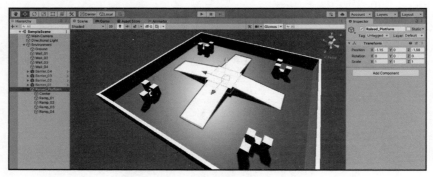

图 6-19

至此，我们已经为第一个游戏关卡成功创建了白盒环境。但要注意此过程不必投入过多精力，毕竟万里之行这才刚刚跨出了第一步。对于任何一款好玩的游戏而言，互动道具都是必不可少的。下面就来创建一个治疗道具预制件。

勇者的试炼——创建可拾取的治疗道具

结合本章已学的知识点，按如下步骤创建道具。这个练习虽然会占用一些时间，但值得一练。

(1) 创建一个 **Capsule** 对象，命名为 Health_Pickup，将其摆放至合适位置并进行缩放。

(2) 新建一个黄色的材质，并将其附加给 Health_Pickup 对象。

(3) 将 Health_Pickup 对象拖到 **Prefab** 文件夹中，变为预制件。

完成后的项目效果，可以参考图 6-20。

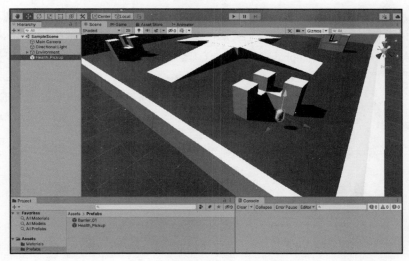

图 6-20

介绍完了关卡的设计和布局，接下来了解 Unity 中的光照。

6.3　光照基础

Unity 中的光照很复杂，但总的来说可以归结为两大类：实时光照和预计算光照。两者都会涉及光照的颜色和强度等属性，以及在场景中的照射方向，它们的不同之处在于 Unity 引擎对光照行为的计算方式。

实时光照(Realtime Lighting)每帧都会进行计算，意味着任何在其照射范围内的对象都会投射出逼真的实时阴影，就如同真实世界的光源一样。然而，这种方式会显著降低游戏运行速度，且性能消耗也会随着场景中光源数量的增加而呈指数级增长。另一方面，预计算光照(Precomputed Lighting)则会将场景的光照事先存储在称之为光照贴图(Lightmap)的纹理中，然后将其烘焙并应用到场景中。这么做虽然可以节省计算能力，但烘焙出的光照是静态的，意味着当对象在场景中移动时，这类光照无法随之应变。

注意：

还有一种混合类型的光照，名为预计算实时全局光照(Precomputed Realtime Global Illumination)，这种光照填补了实时光照和预计算光照之间的空白。由于这是一个特定于 Unity 的高阶话题，因此在本书中就不多做介绍了，大家可以自行查看文档：https://docs.unity-3d.com/Manual/GIntro.html。

那么，如何在 Unity 场景里创建光源对象呢？

6.3.1　创建光源

默认情况下，每个 Unity 场景都会带有一个 **Directional Light** 组件充当主光源。但也可以像创建任何其他 GameObject 一样，在 **Hierarchy** 面板中创建光源，如图 6-21 所示。尽管光源控制可能是一个新的概念，但是别忘了光源依然属于 Unity 中的对象，意味着同样可以对它们移动、缩放和旋转，以满足我们的需求。

图 6-21

首先来介绍一些实时光源对象以及它们的表现形式。

方向光(Directional Light)非常适合模拟自然光，例如日常生活中的阳光。方向光在场景中没有实际位置，但会照射到所有物体上，并且光线始终指向同一个方向。

点光源(Point Light)本质上就像一个悬空的灯泡，它从中心点向周围所有方向发出光线。可以在场景中指定点光源的位置和强度。

聚光灯(Spot Light)向指定方向发射光线，且光线会被锁定在一定的角度之内。可把它看作为现实世界中的聚光灯或泛光灯。

注意：
反射探针(Reflection Probe)和光照探针组(Light Probe Group)超出了 Hero Born 项目的制作需求，如有兴趣可查看文档: https://docs.unity-3d.com/Manual/ReflectionProbes.html 和 https://docs.unity3d.com/Manual/LightProbes.html。

和 Unity 中的所有的游戏对象一样，光源也具有可以调整的属性，可以赋予场景特定的氛围或主题。

6.3.2 Light 组件属性

图 6-22 显示了场景中方向光上的 Light 组件。所有的这些属性都可以进行配置，从而创建出具有沉浸感的环境。其中，需要了解的基本属性有 Color、Mode 和 Intensity。这些属性控制着光源的色彩、效果模式(实时光照或预计算光照)，以及总体光照强度。

图 6-22

注意:

就像其他 Unity 组件一样, Light 组件的这些属性也可以通过脚本和 Light 类进行访问, 详见文档: https://docs.unity3d.com/ScriptReference/-Light.html。

对如何照亮游戏场景有了初步认识后, 再来看看如何为游戏添加动画!

6.4   在 Unity 中制作动画

在 Unity 中为对象制作各种动画, 范围可以从简单的旋转效果一直到复杂的角色移动和身体动作。这些动画是通过 **Animation** 和 **Animator** 窗口来实现和控制的。

- **Animation**(动画)窗口使用时间轴来创建和处理(或剪辑)动画片段。在时间轴上可以录制对象属性的变化, 然后通过回放创建出动画效果。
- **Animator**(动画器)窗口使用动画控制器来管理这些动画剪辑以及调整动画过渡。

注意:

关于 Animator 窗口和动画控制器的更多信息可访问 https://docs.unity3d.com/Manual/AnimatorControllers.html。

Unity 中的动画通常被称为剪辑。在剪辑中对目标对象进行创建和操作可以让游戏立刻"动"起来。

6.4.1   创建动画剪辑

任何需要应用动画剪辑的游戏对象都需要附加有 Animator 组件, 而 Animator 组件需要设置好动画控制器(在 Unity 里称为 Animator Controller)。如果在创建新剪辑时项目中没有动画控制器, Unity 会自动创建一个并将其保存到剪辑所在的文件夹, 然后就可以通过这个控制器来管理剪辑了。下面尝试为治疗道具创建一个新的动画剪辑。

实践——创建动画剪辑

要为 Health_Pickup 对象制作"无限循环旋转"的动画，首先需要创建新的动画剪辑，具体步骤如下所示。

(1) 通过 **Window** | **Animation** | **Animation** 打开 **Animation** 面板，并将其固定在 **Console** 面板旁边。

(2) 在 **Hierarchy** 面板中，选中 Health_Pickup 对象，然后在 **Animation** 面板中单击 **Create** 按钮，如图 6-23 所示。

图 6-23

(3) 在随后弹出的保存窗口中，新建一个名为"Animations"的文件夹作为保存路径，再将剪辑命名为 Pickup_Spin，并保存，如图 6-24 所示。

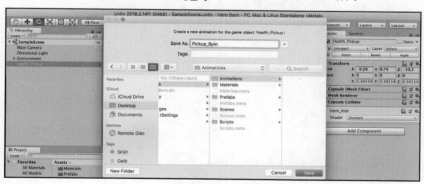

图 6-24

(4) 确保新建剪辑出现在 **Animation** 面板上，如图 6-25 所示。

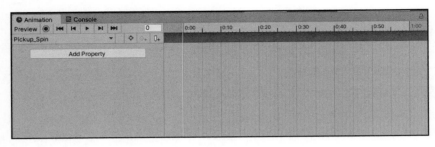

图 6-25

由于项目中没有任何动画控制器，因此 Unity 在 Animations 文件夹中自动
创建了一个名为 Health_Pickup 的动画控制器。在选中 Health_Pickup 对象并创
建剪辑时，Unity 也会为该对象添加 Animator 组件，并完成对 Health_Pickup 动
画控制器的设置，如图 6-26 所示。

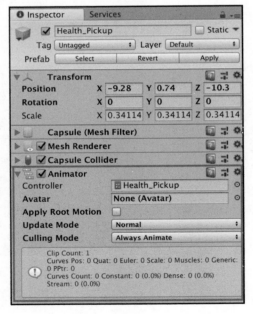

图 6-26

如果说到动作剪辑，我们可能会立刻联想到电影胶片。当电影播放时，胶

片一帧帧显示，动画就开始了，剪辑上的物体也随之表现出了"运动"效果。
同理，如果在 Unity 中提前录制好目标对象在不同帧里的不同位置，Unity 就能
对录制完成的剪辑进行播放，从而实现对该对象的动画制作。

6.4.2　录制关键帧

目前在 **Animation** 窗口中有一段空白的时间轴，这就是下一步要处理新建
剪辑的工作区域。从本质上讲，当修改 Health_Pickup 对象在 z 方向的旋转值等
任何可用于动画的属性时，时间轴都会将这些属性变化记录为关键帧。然后
Unity 会将这些关键帧组合成完整的动画，就类似于刚才提到的胶片电影使单
独的画面播放出"运动"效果的方法。

观察图 6-27 中录制按钮和时间轴的位置。

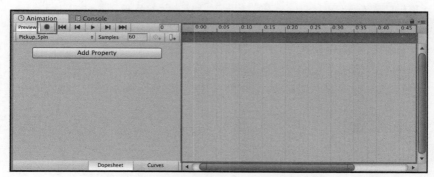

图 6-27

现在，让治疗道具旋转起来吧。

实践——旋转动画

要为 Health_Pickup 对象制作旋转动画，实现 Health_Pickup 对象每秒绕 z
轴进行一次完整的 360° 旋转的效果，只需要设置三个关键帧，Unity 会自动处
理好其余部分。具体步骤如下所示。

(1) 在 Animation 窗口，选择 **Add Property | Transform**，并单击 **Rotation**
旁边的 "+" 符号，如图 6-28 所示。

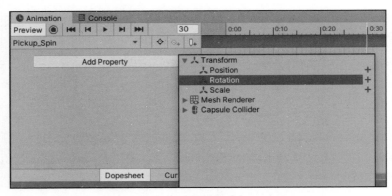

图 6-28

(2) 单击 **Record** 按钮，开始动画。

(3) 将光标放置在时间轴 **0:00** 处，保持 Health_Pickup 对象在 z 方向的旋转值为 **0** 不变:

　　a. 在时间轴的 **0:30** 处，将 z 的旋转值设置为 **180**，如图 6-29 所示。

　　b. 在时间轴的 **1:00** 处，将 z 的旋转值设置为 **360**。

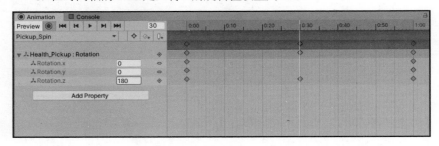

图 6-29

(4) 再次单击 **Record** 按钮，完成动画。

(5) 单击 **Play** 按钮，查看整个动画循环效果，如图 6-30 所示。

Health_Pickup 对象现在每秒会绕 z 轴从 0°旋转到 180°，再旋转到 360°，从而实现循环旋转。如果现在启动游戏，这个动画将一直运行下去，直到游戏停止。

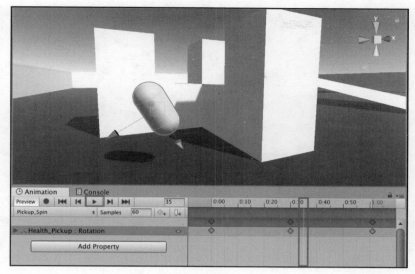

图 6-30

所有动画都带有曲线，曲线决定着该动画执行的一些特定属性。关于曲线的介绍在这里不会太过深入，但还是有必要了解一些基础知识。

6.4.3 曲线和切线

除了为对象属性设置动画外，在 Unity 中还可以使用动画曲线来管理动画随时间变化的播放方式。到目前为止，**Animation** 窗口一直处于 **Dopesheet**(关键帧清单)模式，如果在窗口底部单击 **Curves**，会进入曲线视图(如图 6-31 所示)。可以看到之前在 Dopesheet 模式下记录的关键帧在这里全部转变为了曲线上的标注点。因为旋转动画需要的是平滑的(也称为线性的)曲线，因此不必做任何改变。但也可以通过拖动或调整曲线上的标注点，对动画运行进行加速、减速或时间点的更改。

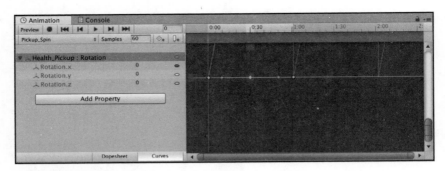

图 6-31

　　尽管动画曲线能够处理属性随时间的变化，但还需要找到方法来修复每次
Health_Pickup 动画重复时出现的卡顿。这里就要用到动画的切线(**Tangent**)。切
线管理着关键帧之间的混合方式。可以在 **Dopesheet** 模式下，通过右击时间轴
上的任何关键帧来访问相关选项，如图 **6-32** 所示。

图 6-32

 注意:
动画的曲线和切线都属于中高级内容，因此这里不做深入探讨。如有
兴趣可查看文档: https://docs.unity3d.com/Manual/animeditorAnimation-
Curves.html。

　　播放这段旋转动画，会发现在两次旋转之间出现了轻微的卡顿。下面一起
来解决这个问题。

实践——平滑旋转动画

调整旋转动画第一帧和最后一帧的切线，让动画在重复播放时无缝混合。具体步骤如下所示。

(1) 在 **Animation** 窗口的时间轴上，右击第一个和最后一个关键帧的菱形图标，并选择 **Auto**，如图 6-33 所示。

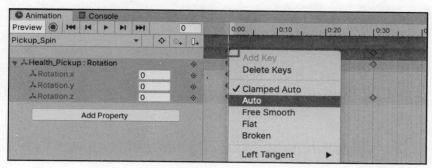

图 6-33

(2) 移动 Main Camera(主摄像机)，确保在 Scene 视图中能够看到 Health_Pickup 对象，然后单击 **Play** 按钮运行游戏，如图 6-34 所示。

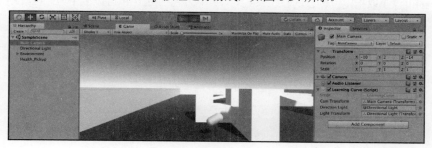

图 6-34

通过把第一帧和最后一帧的动画切线设置为 **Auto**，Unity 会让它们之间的过渡变得平滑，从而就能为动画循环消除不连贯的衔接。

注意:
也可以使用 C#,通过脚本来操纵特定属性(例如 Position 或 Rotation),
从而为对象设置动画。尽管本书不会讨论这个主题,但需要知道编
程方式也是可行的。

以上就是本书所要运用到的全部动画知识,虽然只覆盖了 Unity 在动画领
域的部分工具,但笔者非常鼓励大家去了解全套工具箱。这样制作出来的动画
才能让游戏更具吸引力,也能得到玩家的欣赏。接下来,再简要介绍一下 Unity
的粒子系统以及如何为场景添加视效。

6.5　粒子系统

如果需要制作动态效果(例如爆炸或外星飞船的喷射气流等等),就应考虑
使用 Unity 的粒子系统(Particle System)。粒子系统可以发射精灵(Sprite)或网格
(Mesh),这些所谓的粒子组成了最终的视觉效果。粒子可配置的属性范围非常
大,从颜色和大小,到在屏幕上停留的时间,以及在给定方向上移动的速度等
都可以予以指定。创建的粒子系统对象可以单独使用,也可以多个组合以实现
更为逼真的效果。

注意:
粒子特效非常复杂,几乎能够实现任何设想。但是真正要能够做出
逼真的特效,还是离不开大量的实践。如需参考,可访问粒子系统
文档 https://docs.unity3d.com/Manual/ParticleSystemHowTo.html。

目前的治疗道具已经会旋转了,但还不够吸引眼球,所以要为它添加一些
视效。

实践——添加闪光效果

要将玩家的注意力吸引到放置在关卡四周的道具上,可以给 Health_Pickup
对象添加一个简单的粒子效果。具体步骤如下所示。

(1) 在 **Hierarchy** 面板上单击 **Create | Effects | Particle System**,创建一个

Particle System 对象，如图 6-35 所示。

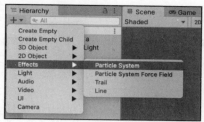

图 6-35

(2) 调整 **Particle System** 对象的位置，使它处于 Health_Pickup 对象的中间。

(3) 选中 **Particle System** 对象，并在 **Inspector** 面板上更新以下属性，如图 6-36 所示。

- **Start Lifetime**(初始生命周期)：2
- **Start Speed**(初始速度)：0.25
- **Start Size**(初始大小)：0.75
- **Start Color**(初始颜色)：橙色或其想选的颜色

(4) 展开 **Emission** 标签，将 **Rate Over Time** 设置为 5。

(5) 展开 **Shape** 标签，将 **Shape** 设置为 **Sphere**：

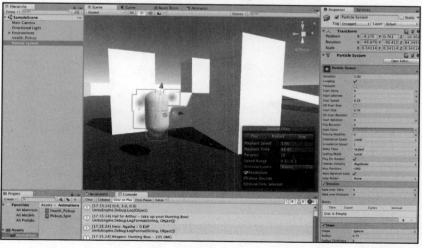

图 6-36

创建好的 **Particle System** 对象现在会按照最新的设置，在每一帧进行渲染并发射粒子。

6.6　本章小结

对 Unity 初学者来说，本章涵盖了许多新知识点。虽然本书的重点是 C#语言，但了解游戏开发理论、游戏文档设计以及 Unity 非脚本功能也非常必要。本章并没有机会深度介绍光照、动画和粒子系统等工具，如果想要继续开发 Unity 项目，那么进一步的学习是非常值得的。

第 7 章的重点将回到编程。我们会设置可移动的玩家对象、控制摄像机，并了解 Unity 物理系统是如何控制游戏世界的，以此来开启 Hero Born 项目的核心机制编写。

6.7　小测验——Unity 基本功能

1. 立方体、胶囊体和球体是哪种类型的 GameObject？
2. Unity 使用哪个轴来表示深度，从而使场景具有立体感？
3. 如何将 GameObject 转换为可重复使用的预制件？
4. Unity 动画系统使用什么计量单位来录制对象的动画？

第 *7* 章

角色移动、摄像机以及碰撞

玩家在体验新游戏中时做的第一件事情，往往是尝试移动角色和控制摄像机。画面动起来令人感到兴奋，同时玩家对游戏玩法也有了直观的预期。Hero Born 项目里的角色将是一个胶囊体对象，可以使用键盘上的 WASD 键或方向键操控角色进行移动和旋转。

本章将首先学习如何通过操纵对象的 Transform(变换)组件进行移动，然后了解通过施加力的方式实现移动控制方案，从而使运动效果更真实。当移动玩家时，摄像机会在玩家后上方的位置进行跟随，这样在实现射击机制时会让瞄准更容易。最后，将借助可拾取道具预制件来探索 Unity 物理系统处理碰撞体和物理交互的方式。

尽管本章还不涉及任何游戏的动作机制，但上述这些内容拼合在一起已经可以实现一个可玩的关卡。通过学习以下这些主题，我们将第一次体验使用 C# 语言来编写游戏功能。

本章重点:

- 移动和旋转
- 管理玩家输入
- 编写摄像机行为脚本
- Unity 物理系统和施加力
- 碰撞体和碰撞检测基础

7.1　角色移动

当选择在虚拟世界中移动玩家角色的最佳方式时，要考虑如何才能让移动看起来最逼真，同时避免游戏因计算开销巨大而无法正常运行。在大多数情况下，最后都会采用折中方案，Unity 也不例外。

移动 GameObject 的 3 种最常见方式及其结果如下。

- 方式一：使用 GameObject 的 **Transform** 组件来进行移动和旋转。这是最简单的解决方案，也将是我们的首选方式。
- 方式二：将 **Rigidbody** 组件附加给 GameObject 并在代码中施加力。这个解决方案依赖于 Unity 物理系统在背后处理繁重的工作，从而提供更为逼真的效果。本章稍后会使用这种方式修改编写的代码，这样我们就能对两种方式都有所了解。

注意：

Unity 建议在移动或旋转某个游戏对象时，保持方式的一致。可以操作对象的 **Transform** 组件，也可以操作对象的 **Rigidbody** 组件，但是绝不要同时操作两者。

- 方式三：添加 Unity 现成的组件或预制件，例如 **Character Controller** 或 **FirstPersonController**。这样可以减少样本代码，并在加速原型制作提速的同时仍能提供逼真的效果。

注意：

有关 **Character Controller** 组件及其用途的更多内容，可访问 https://docs.unity3d.com/ScriptReference/CharacterController.html。

注意：

FirstPersonController 预制件可从 Unity 的 Standard Assets Package 中获得，下载此资源包可访问 https://assetstore.unity.com/packages/essentials/asset-packs/standard-assets-32351。

我们将首先尝试使用玩家 Transform 组件的方式来实现玩家移动，然后在本章后面再介绍另一种会用到刚体物理的方式。

7.1.1　玩家设置

Hero Born 将会是一款第三人称冒险游戏，那么下面先来制作一个可以通过键盘输入来操控的胶囊体，以及一个会跟随这个胶囊体移动的摄像机。尽管这两个对象会在游戏中一起运作，但为了保证后续控制的灵活性，还是应让它们拥有各自独立的脚本。

在编写脚本之前，先要在场景中添加玩家胶囊体。

实践——创建玩家胶囊体

通过以下步骤，我们就能创建出一个可以代表玩家的胶囊体。

(1) 在 **Hierarchy** 面板的左上角，单击 **Create | 3D Object | Capsule**，新建一个 **Capsule** 对象，命名为 Player。

(2) 选中 Player 对象，单击 **Inspector** 面板底部的 **Add Component** 按钮。查找 **Rigidbody** 并按 **Enter** 键，将该组件附加给 Player 对象。

(3) 展开 **Rigidbody** 组件底部的 **Constraints** 属性。

- 选中 X 轴和 Y 轴上的 **Freeze Rotation** 选项框。

(4) 在 **Project** 面板中的 **Materials** 文件夹上右击，从弹出的菜单中选择 **Create | Material**，创建一个新材质，命名为 Player_Mat。

(5) 将 **Albedo**(反照率)属性更改为亮绿色，并将 **Player_Mat** 材质拖放到 **Hierarchy** 面板中的 Player 对象上，如图 7-1 所示。

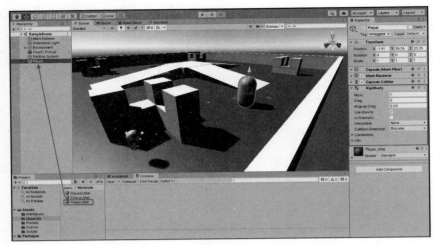

图 7-1

我们使用了 **Capsule** 原始对象、**Rigidbody** 组件和亮绿色材质创建了 Player 对象。在本章末尾讨论 Unity 物理系统时将详细介绍 **Rigidbody** 组件，现在只需要知道它能让 Player 与物理系统交互即可。下面先讨论 3D 空间中一个非常重要的主题：向量(Vector)。

7.1.2   理解向量

设置好了玩家胶囊体和摄像机，现在就可以开始研究如何使用 Transform 组件来移动和旋转 GameObject 了。Translate( )和 Rotate( )方法是 Unity 提供的 Transform 类中的方法，两者都需要向量参数来执行其给定功能。

在 Unity 中，向量被用来保存 2D 和 3D 空间中的位置和方向数据，根据使用条件的不同相应分为 Vector2 和 Vector3 变量。这两种变量的使用方式和其他变量类型一样，只是保存的信息不同。由于 Hero Born 是一款 3D 游戏，所以需要使用 Vector3，意味着构造向量的时候需要使用 x、y 和 z 的值。对于 2D 向量，则只需要 x 和 y 的值。别忘了，3D 场景的当前方向在场景右上方有图标提示，如图 7-2 所示。

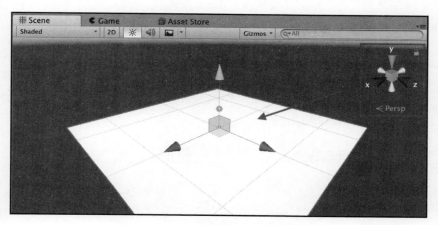

图 7-2

注意：
有关 Unity 向量的更多信息，可访问文档和脚本参考：https://docs. unity3d.com/ScriptReference/Vector3.html。

例如，想新建一个向量来保存场景中原点的位置，我们可以使用以下代码：

```
Vector3 origin = new Vector(0f, 0f, 0f);
```

上述代码创建了一个新的 Vector3 变量，然后依次按照 x 为 0、y 为 0、z 为 0 的顺序对其进行了初始化。float 类型的值带不带小数皆可，但必须要以小写的 f 结尾。

也可以使用 Vector2 或 Vector3 类的属性创建方向向量：

```
Vector3 forwardDirection = Vector3.forward;
```

这里，forwardDirection 变量保存的不再是某个位置，而是场景中的前向 (forward)——即 3D 空间中 z 轴的指向。本章将在稍后讨论向量的使用，现在只需培养一种用 x、y 和 z 坐标来表示 3D 空间中移动的位置和方向的习惯即可。

注意:

向量是个复杂的概念，如果不太熟悉，可以查看 Unity 的向量指导手册(cookbook): https://docs.unity3d.com/Manual/VectorCookbook.html。

对向量有所了解后，就可以开始实现基础的角色移动了。首先需要收集玩家通过键盘等外设输入的信息。

7.1.3　获取玩家输入

位置和方向的概念对角色移动非常重要，但如果没有玩家输入，就无法真正产生移动。这就是引入 Input 类的原因所在，Input 类会处理从按键输入和鼠标位置到加速度和陀螺仪数据的所有内容。

在 Hero Born 项目中，会使用 WASD 键及方向键来控制移动，同时还会结合一个脚本，让摄像机能够跟随玩家鼠标指向的位置。为此，需要先介绍输入轴(input axes)是如何工作的。

在编辑器上方，单击 **Edit | Project Settings | Input**，打开 **Input Manager**面板，如图 7-3 所示。

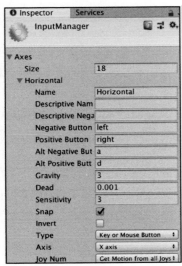

图 7-3

可以看到已经配置好的 Unity 默认输入列表，以 Horizontal(水平)输入轴为例进行说明。Horizontal 输入轴的 Positive 和 Negative 按钮分别设置为"left"和"right"键位，而 Alt Negative 和 Alt Positive 按钮分别设置为"a"和"d"键位。

每当在代码中查询输入轴时，值的范围都将介于 - 1 和 1 之间。例如，当左方向键或 A 键被按下时，水平输入轴会记录值为 - 1。当按键被释放时，该值回到 0。同样，当右方向键或 D 键被按下时，水平输入轴会记录值为 1。这样仅通过一个输入轴就能获取 4 种不同的输入，而不用为每种输入都去写一长串的 if-else 语句。

获取输入轴非常简单，只需要调用 Input.GetAxis( )方法，并指定输入轴的名称即可，稍后我们就采取这种方式来获取水平和垂直输入。这种方式还有一个额外的好处，就是 Unity 应用了平滑滤波器(Smoothing Filter)，能使输入帧率独立。如果不需要平滑滤波器的处理，也可以使用 Input.GetAxisRaw( )方法。它的文档可访问：https://docs.unity3d.com/ScriptReference/Input.GetAxisRaw.html。

注意：

可以按照需求修改默认的输入配置，也可以创建自定义轴：在 **Input Manager** 面板中将 **Size** 属性增加 1，再为新轴(创建出的副本)重命名。

Unity 最近发布了新的输入系统，以适应其支持平台的不断增加。由于我们的项目简单，还不会用到这个新输入系统。如果感兴趣可以参考 https://blogs.unity3d.com/2019/10/14/introducing-the-new-input-system/。

下面使用 Unity 的输入系统和自定义脚本让玩家动起来。

实践——角色移动

为了让玩家可以移动，先要为 Player 对象添加脚本，具体步骤如下所示。

(1) 在 **Scripts** 文件夹中新建一个 C#脚本，命名为 PlayerBehavior，将它拖放到 **Player** 对象上。

(2) 添加以下代码并保存文件。

```
public class PlayerBehavior : MonoBehaviour
{
    // 1
    public float moveSpeed = 10f;
    public float rotateSpeed = 75f;

    // 2
    private float vInput;
    private float hInput;

    void Update()
    {
        // 3
        vInput = Input.GetAxis("Vertical") * moveSpeed;

        // 4
        hInput = Input.GetAxis("Horizontal") * rotateSpeed;

        // 5
        this.transform.Translate(Vector3.forward * vInput *
Time.deltaTime);

        // 6
        this.transform.Rotate(Vector3.up * hInput * Time.deltaTime);
    }
}
```

注意:

this 关键字可要可不要。为了简化代码，Visual Studio 2019 会建议将其移除，但为了清晰起见，这里还是予以保留。

提示:

如果存在空的方法，比如本例中的 Start( )方法，为了明确起见，通常会将其删除。当然也可以在脚本中保留它们，取决于个人偏好。

对上述代码的分步解析如下。

(1) 声明两个公共变量，用作乘数。

- movespeed 表示玩家前进和后退的速度
- rotateSpeed 表示玩家向左和向右旋转的速度

(2) 声明两个私有变量，用于保存玩家输入，最开始不设置任何值。

- vInput 用来存储垂直轴输入。
- hInput 用来存储水平轴输入。

(3) Input.GetAxis("Vertical")检查上下方向键、W 和 S 键何时被按下，并将其值乘以 moveSpeed。

- 上方向键和 W 键返回 1，这会让玩家向前方(正方向)移动。
- 下方向键和 S 键返回－1，这会让玩家向后方(反方向)移动。

(4) Input.GetAxis("Horizontal")检查左右方向键、A 和 D 键何时被按下，并将其值乘以 rotateSpeed。

- 右方向键和 D 键返回 1，这会让玩家向右旋转。
- 左方向键和 A 键返回－1，这会让玩家向左旋转。

提示：

虽然这些移动计算可以集中在一行上进行，但最好还是将代码分行，以便自己和他人查看。

(5) 使用 Translate( )方法来移动 Player 对象的 **Transform** 组件，该方法接受一个 Vector3 类型参数。

- this 关键字明确指定了脚本被附加给的 GameObject (本例中即 Player 对象)。
- 将 Vector3.forward 与 vInput 和 Time.deltaTime 相乘，提供了玩家沿 z 轴向前或向后移动的方向和速度。
- Time.deltaTime 会返回游戏自执行上一帧到现在的秒数。它通常用于平滑在 Update( )方法中获取或运行的值，使其不受设备帧率的影响。

(6) 使用 Rotate( )方法，相对于传入的向量参数，旋转 Player 对象的 **Transform** 组件：

- 将 Vector3.up 与 hInput 和 Time.deltaTime 相乘，得到向左或向右的旋转轴。

- 在这里使用 this 关键字和 Time.deltaTime 的原因同上。

注意:

如上所述,在 Translate( )和 Rotate( )方法中使用方向向量(Direction Vector)只是解决问题的其中一种方法。我们也可以根据轴的输入创建新的 Vector3 变量,并用作参数。

单击 **Play** 按钮运行游戏,现在可以使用上/下方向键和 W/S 键控制玩家的前后移动,使用左/右方向键和 A/D 键控制玩家的左右旋转。仅仅几行代码就设置好了两个易于修改,且不受帧率影响的独立控制。然而,摄像机还不会跟随玩家四处移动,下面就解决这个问题。

7.2   添加摄像机跟随

让一个 GameObject 跟随另一个 GameObject,最简单的操作就是让其中一个成为另一个的子项。但这意味着 Player 对象发生的所有移动或旋转都会影响摄像机,这并不是我们想要的效果。幸运的是,我们可以使用 Transform 类提供的方法轻松地设置摄像机相对于 Player 对象的位置和旋转。下面就来编写摄像机的逻辑脚本。

实践——编写摄像机行为

要让摄像机行为与玩家的移动分离,需要控制摄像机相对于某个目标位置进行摆放,而这个目标可以在 **Inspector** 面板中设置。

(1) 在 Scripts 文件夹中新建一个 C#脚本,命名为 CameraBehavior,然后拖放到 **Main Camera** 对象上。

(2) 在 CameraBehavior 脚本中添加以下代码并保存文件。

```
public class CameraBehavior : MonoBehaviour
{
    // 1
    public Vector3 camOffset = new Vector3(0f, 1.2f, -2.6f);
```

```
// 2
private Transform target;

void Start()
{
    // 3
    target = GameObject.Find("Player").transform;
}

// 4
void LateUpdate()
{

    // 5
    this.transform.position = target.TransformPoint(camOffset);

    // 6
    this.transform.LookAt(target);
}
}
```

对上述代码的分步解析如下。

(1) 声明一个公共 Vector3 变量，用来存储 **Main Camera** 和 Player 对象之间的偏移距离。

- 因为变量被设置为公共的，所以可以在 **Inspector** 面板中手动设置摄像机在 x、y 和 z 轴的偏移位置。
- 现有预设值比较合适，但也可尝试修改。

(2) 创建一个 **Transform** 类型的 target 变量来保存 Player 对象的 Transform 信息。

- 这样就可以访问 Player 对象的 **Position**、**Rotation** 和 **Scale**。
- 这些数据不应该能从 CameraBehavior 脚本之外进行访问，所以变量被设置为私有的。

(3) 使用 GameObject.Find( )方法在场景中按名称查找 Player 对象，并获取其 **Transform** 属性。

- 这意味着存储在 target 变量中的玩家位置会在每一帧都进行更新。

(4) 就像 Start( )或 Update( )方法一样,LateUpdate( )也是 MonoBehavior 提供的方法,它在 Update( )方法之后执行。

- 由于 PlayerBehavior 脚本在 Update( )方法中移动了 Player 对象,而我们希望 CameraBehavior 脚本中的这段代码在 Player 对象移动完成之后再运行。LateUpdate( )方法就确保了 target 变量引用的是最新位置。

(5) 每帧都把摄像机的位置设置为 target.TransformPoint(camOffset),将会产生如下效果。

- TransformPoint( )方法用于计算并返回世界空间中的相对位置。
- 在本例中,TransformPoint( )方法会返回 target(即玩家)的偏移位置:在 x 轴上偏移 0、在 y 轴上偏移 1.2(相当于将摄像机置于胶囊体上方),以及在 z 轴上偏移 -2.6(相当于将摄像机稍置于胶囊体后方),如图 7-4 所示。

(6) LookAt( )方法每帧都会更新胶囊体的旋转值,使摄像机始终对准传入的 Transform 参数(本例中即 target 变量)所在位置。

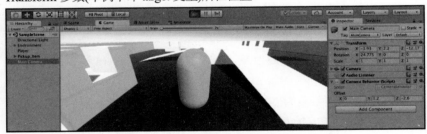

图 7-4

上述解析中存在大量需要被消化的知识,如果按先后顺序进行分解,理解起来会更容易。

(1) 首先,为摄像机创建了一个偏移位置。

(2) 然后,查找并存储玩家胶囊体的位置。

(3) 最后,每帧手动更新摄像机的位置和旋转值,让它始终以设定的距离跟随并对准玩家。

提示：

在使用那些提供平台特定功能的类方法时，记得先将操作分解为最基本的步骤。这将帮助我们在新编程环境中如鱼得水。

虽然上述管理玩家移动的代码能起作用，但实际运行起来还是不够流畅。如果要创建更平滑、更逼真的运动效果，则需要了解 Unity 物理系统的基础知识。

7.3　使用 Unity 物理系统

到目前为止，我们尚未讨论 Unity 引擎是如何工作的，又是如何在虚拟空间中创建出逼真的交互和运动效果的。本章的其余部分将来学习 Unity 物理系统。物理系统使用的是 PhysX 引擎，如图 7-5 所示。

图 7-5

有两大组件为 Unity 的 NVIDIA PhysX 引擎赋能。

- **Rigidbody(刚体)组件**，允许 GameObject 受到重力影响，并可以为对象添加 Mass(质量)和 Drag(阻力)等属性。同时，Rigidbody 组件也可以受到施加力的影响，从而呈现出更逼真的运动效果。Rigidbody 组件的属性面板如图 7-6 所示：

图 7-6

- **Collider(碰撞体)组件**，决定了 GameObject 是如何以及何时进入和离开其他对象的物理空间的，抑或简单地碰撞再弹开。虽然只能为指定的 GameObject 附加一个 Rigidbody 组件，但却可以附加多个 Collider 组件。这种设置通常被称为复合碰撞体(Compound Colliders)。Collider 组件的属性面板如图 7-7 所示：

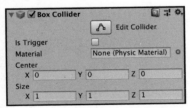

图 7-7

当两个 GameObject 相互碰撞时，Rigidbody 组件的属性决定了它们之间的交互结果。例如，如果一个 GameObject 的质量大于另一个，那么碰撞时较轻的 GameObject 会弹得更开，就像在现实生活中一样。Rigidbody 和 Collider 这两个组件负责 Unity 中的所有物理交互和模拟运动。

使用这两个组件还有几点说明，下面将使用 Unity 允许的移动类型的术语进行阐释。

- Kinematic 移动(也称为运动学移动、非物理运动)：附加了 Rigidbody 组件的 GameObject 会进行 Kinematic 移动，它不会向场景中的物理系统进行注册，所以不会受到物理系统的影响。
  - ◆ Kinematic 移动仅在某些特定情况下使用，可以通过选中 Rigidbody 组件的 Is Kinematic 属性来启用。由于我们要让胶囊体与物理系统进行交互，所以这里不会用到。
- Non-Kinematic 移动(也称为非运动学移动、物理运动)：它指的是通过施加力来对 Rigidbody 组件进行移动或旋转，而不是手动操纵 GameObject 的 **Transform** 属性。本节的目标就是要修改 PlayerBehavior 脚本以实现 Non-Kinematic 移动。

注意：

目前的设置情况是，使用 Rigidbody 组件与物理系统交互的同时，手动操纵胶囊体的 **Transform** 组件，目的是建立"3D 空间中移动和旋转"的思维方式。但这样的做法并不适合应用在实际产品中，Unity 也建议大家避免在代码中混合使用 Kinematic 和 Non-Kinematic 移动。

下面会使用施加力的方式，将当前的移动系统转换为更逼真的物理运动体验。

7.3.1　刚体运动

既然 Player 对象上附加了 Rigidbody 组件，就应该让物理引擎来控制其移动，而不是通过 Transform 组件手动操纵。有两种方式可以通过物理系统施加力。

- 一是直接使用 Rigidbody 类提供的 AddForce( )和 AddTorque( )方法，分别来移动和旋转对象。但这种方法存在不足，通常还需要额外的代码来修正非预期的物理行为。
- 二是使用其他 Rigidbody 类提供的方法，例如 MovePosition( )和 MoveRotation( )方法。这种方式也会施加力，但系统会在幕后处理好边界情况(Edge Case)。

注意:

在下一节中会采用第二种方式,但如果对第一种方式感兴趣,可查看施加力和扭矩的文档: https://docs.unity3d.com/ScriptReference/Rigidbody.AddForce.html。

这两种方法都会给玩家带来更为逼真的感觉,并让我们可以在第 8 章"游戏机制脚本编写"中添加跳跃等机制。

提示:

如果一个没有附加 Rigidbody 组件的对象和附加了 Rigidbody 组件的环境交互时会发生什么? 试试在 Player 对象上移除 Rigidbody 组件,并在竞技场中四处走动测试一下——恭喜玩家成功化身鬼魂,获得穿墙技能! (在继续之前,别忘了将 Rigidbody 组件加回去!)

Player 对象已经附加了 Rigidbody 组件,下一步就要实现对其属性的访问和修改。

实践——访问 Rigidbody 组件

首先需要找到并存储 Player 对象上的 Rigidbody 组件,才能在之后对它进行修改。为此,可以根据以下代码更改 PlayerBehavior 脚本。

```
public class PlayerBehavior : MonoBehaviour
{
    public float moveSpeed = 10f;

    public float rotateSpeed = 75f;

    private float vInput;
    private float hInput;

    // 1
    private Rigidbody _rb;

    // 2
    void Start()
    {
```

```
        // 3
        _rb = GetComponent<Rigidbody>();
    }

    void Update()
    {
        vInput = Input.GetAxis("Vertical") * moveSpeed;
        hInput = Input.GetAxis("Horizontal") * rotateSpeed;

        /* 4
        this.transform.Translate(Vector3.forward*vInput*Time.deltaTime);
        this.transform.Rotate(Vector3.up * hInput * Time.deltaTime);
        */
    }
}
```

对上述代码的分步解析如下。

(1) 添加一个私有 Rigidbody 类型变量，用来存储胶囊体的 Rigidbody 组件信息。

(2) Start( )方法会在场景中脚本初始化阶段，也就是我们单击 **Play** 按钮时触发。在初始化过程中，需要设置变量时都应该使用 Start( )方法。

(3) GetComponent( )方法会检查脚本所附加的 GameObject 上是否有所需的组件类型(本例中即 Rigidbody 组件)，如果找到了，就返回该类型。

- 如果没找到，该方法将返回 null。不过由于我们知道 Player 对象上确实存在 Rigidbody 组件，所以这里就不考虑进行错误检查了。

(4) 注释掉 Update( )方法中对 Transform( )和 Rotate( )方法的调用，从而避免同时运行两套玩家控制。

- 但仍然保留获取玩家输入的代码，以备不时之需。

对 Player 对象上的 Rigidbody 组件进行了初始化和存储，并注释掉了原来的 Transform 代码部分后，就为基于物理的移动奠定了基础。下面就要来施加力了。

实践——刚体的移动和旋转

想要实现 Rigidbody 组件的移动和旋转，可以在 PlayerBehavior 脚本中的

Update( )方法之下，添加以下代码并保存文件。

```
// 1
void FixedUpdate()
{
    // 2
    Vector3 rotation = Vector3.up * hInput;

    // 3
    Quaternion angleRot = Quaternion.Euler(rotation *
Time.fixedDeltaTime);

    // 4
    _rb.MovePosition(this.transform.position +
        this.transform.forward * vInput * Time.fixedDeltaTime);

    // 5
    _rb.MoveRotation(_rb.rotation * angleRot);
}
```

对上述代码的分步解析如下。

(1) 任何与物理(或刚体)相关的代码都要放到 FixedUpdate( )方法中，而不能放到 Update( )或其他 MonoBehavior 方法中。

- FixedUpdate( )方法独立于帧率，适用于所有物理代码。

(2) 创建一个 Vector3 变量，用来存储左右旋转值。

- Vector3.up * hInput 和我们在上一个示例中，在 Rotate( )方法中所用的旋转向量是相同的。

(3) Quaternion.Euler( )方法接受一个 Vector3 类型参数，并返回一个以欧拉角为单位的旋转值。

- 后面 MoveRotation( )方法需要一个 Quaternion(四元数)值而不是一个 Vector3 类型参数，这是 Unity 首选的旋转类型，所以在此做一个类型转换。
- 乘以 Time.fixedDeltaTime 的原因与在 Update( )方法中乘以 Time.deltaTime 相同。

(4) 调用_rb 组件上的 MovePosition( )方法，该方法接受一个 Vector3 类型参数并施加相应的力。

- 使用的向量可分解为：胶囊体的位置向量加上前进方向的向量与垂直输入和 Time.fixedDeltaTime 的乘积。
- Rigidbody 组件负责调整施加的力以满足传入的向量参数。

(5) 在 _rb 组件上调用 MoveRotate( )方法，该方法同样接受一个 Vector3 类型参数并施加相应的力。

- angleRot 已包含来自键盘的水平输入，还需要将当前 Rigidbody 组件的旋转值乘以 angleRot，就能获取相同的左右旋转值。

注意：

注意，对于 Non-kinematic 游戏对象，MovePosition( )和 MoveRotation( )方法的工作方式不同。更多信息请访问刚体脚本参考：https://docs.unity3d.com/ScriptReference/Rigidbody.html。

单击 **Play** 按钮运行游戏，现在我们能够沿视线方向前进后退，也能绕 y 轴旋转。施加力产生的效果会比直接移动和旋转 Transform 组件更强，因此可能需要在 **Inspector** 面板中微调 moveSpeed 和 rotateSpeed 变量。至此，我们重建了之前的移动方案，并加强了物理真实感。

如果现在跑上坡道或跳下中央平台，可能会看到玩家飞向空中或缓慢落到地面的情况。即使 Rigidbody 组件设置为 Use Gravity，也还是效果甚微。我们将在下一章实现跳跃机制时，解决给玩家施加重力的问题。现在要介绍 Collider 组件在 Unity 中处理碰撞的方式。

7.3.2　碰撞体和碰撞

Collider 组件不仅使 GameObject 能被 Unity 物理系统识别，也使交互和碰撞成为可能。不妨把碰撞体想象成 GameObject 周围看不见的力场，取决于设置，它们可以被穿过也可以被碰撞，并且还自带一系列方法，可以在不同的交互情况下触发。

注意:

Unity 物理系统针对 2D 和 3D 游戏的工作方式不同, 本书仅涵盖 3D 方面的主题。如果对制作 2D 游戏感兴趣, 可了解 Rigidbody2D 组件并查看可用的 2D 碰撞体。

Pickup_Item 对象层级中的 Capsule 子对象如图 7-8 所示。

图 7-8

对象周围的绿线标示出的形状是 Capsule Collider, 可以通过 **Center**、**Radius** 和 **Height** 这些属性对其进行移动和缩放。创建原始对象时, 碰撞体会默认与原始对象的形状匹配, 因为我们创建的是一个 Capsule 原始对象, 所以它带有一个 Capsule Collider。

注意:

还有 **Box**、**Sphere** 和 **Mesh** 形状的碰撞体, 可以通过 **Inspector** 面板的 **Add Component** 按钮, 在菜单中选择 **Component | Physics** 来手动添加。

当 Collider 与其他组件接触时, 它会发出所谓的消息(Message)或广播(Broadcast)。当 Collider 发送消息, 任何添加了一个或多个这类方法的脚本都会收到通知。这被称为事件, 我们将在第 13 章 "旅程继续" 中介绍。

例如, 当两个带有碰撞体的对象相遇时, 它们都会发出 OnCollisionEnter 消息, 其中包含对遇到的对象的引用。此消息可用于各种交互事件, 最典型的一种应用就是道具拾取。

注意:

有关 Collider Message 的相关内容,可访问 https://docs.unity3d.com/
ScriptReference/Collider.html。

只有当碰撞对象满足某种特定配置(取决于碰撞体、触发器和刚体组
件,以及是否选中 "Is kinematic" 的组合情况),触发事件才会发送。
详情可查看碰撞操作矩阵 (Collision Action Matrix):
https://docs.unity3d.com/Manual/CollidersOverview.html。

之前创建的治疗道具正好可以用来试验碰撞的工作原理。

实践——道具拾取

要更新道具对象,为它添加碰撞逻辑,具体步骤如下所示。

(1) 在 **Scripts** 文件夹中新建一个 C#脚本,命名为 ItemBehavior,将其拖放
到 Health_Pickup 对象上。

- 使用碰撞检测的脚本都必须附加给带有 Collider 组件的对象,即使它是
  预制件的子项。

(2) 创建一个空对象,命名为 Item。

- 让 Health_Pickup 对象和 Particle System 对象成为其子项。

- 将 Item 对象拖入 **Prefabs** 文件夹,创建出预制件,如图 7-9 所示。

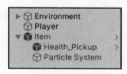

图 7-9

(3) 用以下内容替换 ItemBehavior 脚本中的默认代码,并保存文件。

```
public class ItemBehavior : MonoBehaviour
{
    // 1
    void OnCollisionEnter(Collision collision)
    {
        // 2
```

```
            if(collision.gameObject.name == "Player")
            {
                // 3
                Destroy(this.transform.parent.gameObject);

                // 4
                Debug.Log("Item collected!");
            }
        }
    }
```

(4) 单击 **Play** 按钮，移动玩家至道具处，然后把它"拾取"起来！

对上述代码的分步解析如下。

(1) 当另一个对象(isTrigger 属性设置为未选中状态)遇到 Item 对象时，Unity 会自动调用 OnCollisionEnter( )方法。

- OnCollisionEnter( )方法带有一个参数，该参数存储对它遇到的碰撞体的引用。
- 注意 collision 变量的类型是 Collision 而不是 Collider。

(2) Collision 类有一个名为 gameObject 的属性，它存储了对碰撞对象的 Collider 的引用。

- 我们可以使用此属性来获取碰撞对象的名称，并使用 if 语句来检查碰撞对象是否为"Player"。

(3) 如果碰撞对象是"Player"，将调用 Destroy( )方法，该方法接受一个 GameObject 类型参数。

- 必须销毁整个 Item 预制作，而不只是 Health_Pickup 对象。
- 由于 ItemBehavior 脚本是附加给了 Health_Pickup 对象，而 Health_Pickup 是 Item 对象的子项，因此我们使用 this.transform.parent.gameObject 来设置要销毁的 Item 父项。

(4) 向控制台打印出一条信息，表明已经收集到了道具，如图 7-10 所示。

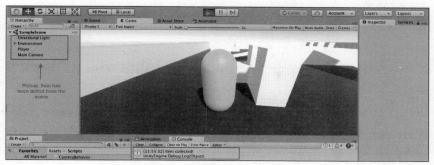

图 7-10

在 ItemBehavior 脚本中所做的设置，实质上是去监听任何与 Item 对象下的 Health_Pickup 子对象发生的碰撞。每当碰撞发生时，ItemBehavior 脚本就会使用 OnCollisionEnter( )方法，以此来检查碰撞对象是否为玩家，如果是，就销毁(或者说拾取)该道具。假如你还是不理解，可以将编写的碰撞代码理解为来自道具的通知接收器，每当道具被碰撞时，就会触发这些代码。

这里其实也可以使用 OnCollisionEnter( )方法创建类似的脚本并附加给玩家，然后检查碰撞对象是否为道具。碰撞逻辑取决于被碰撞对象的视角。

现在的问题是，如何设置碰撞才会让碰撞对象继续各自原本的移动轨迹，而不是弹开？

7.3.3　使用碰撞体触发器

Collider 中的 isTrigger 属性默认设置为未选中状态，这意味着物理系统会将它们视为具有实体的对象。然而在某些情况下，我们可能希望 GameObject 能够穿过 Collider 而不会受到阻止。这时候就需要用到触发器(Trigger)。选中(启用)isTrigger 属性后，其他 GameObject 就可以穿过它，而 Collider 发送的通知变为了 OnTriggerEnter、OnTriggerExit 和 OnTriggerStay。

触发器多用于检查 GameObject 是否进入某个区域或经过某个点。可以使用触发器在敌人周围布置警戒区域，如果玩家走进触发区域，敌人就会得到警示，然后开始攻击玩家。下面就来实现敌人逻辑。

实践——创建敌人

创建敌人的具体步骤如下。

(1) 在 **Hierarchy** 面板中，单击 **Create** | **3D Object** | **Capsule**，新建一个
Capsule 原始对象，命名为 Enemy(敌人)。

(2) 在 **Materials** 文件夹上右击，从菜单中选择 **Create** | **Material**，创建一
个新材质，命名为 Enemy_Mat，并将其 **Albedo** 属性设置为亮红色。

● 将 Enemy_Mat 拖放到 Enemy 对象上。

(3) 选中 Enemy 对象，在 **Inspector** 面板中单击 **Add Component** 按钮，查
找 **Sphere Collider** 并按 **Enter** 键将其添加。

● 选中 **isTrigger** 属性框，并将 **Radius** 更改为 8，如图 7-11 所示。

图 7-11

新建的 Enemy 对象现在被一个半径为 8 的球状触发器所包围。每当另一个
物体进入、停留或离开这个球状区域时，Unity 都会发送可以被捕获到的通知，
就像处理碰撞时一样。下面就要具体实现通知的捕获。

实践——捕获触发事件

为了捕获触发事件，需要创建一个新脚本，具体步骤如下所示。

(1) 在 **Scripts** 文件夹中新建一个 C#脚本，命名为 EnemyBehavior，将其拖
放到 Enemy 对象上。

(2) 添加以下代码并保存文件：

```
public class EnemyBehavior : MonoBehaviour
{
    // 1
```

```
void OnTriggerEnter(Collider other)
{
    //2
    if(other.name == "Player")
    {
        Debug.Log("Player detected - attack!");
    }
}

// 3
void OnTriggerExit(Collider other)
{
    // 4
    if(other.name == "Player")
    {
        Debug.Log("Player out of range, resume patrol");
    }
}
}
```

(3) 单击 **Play** 按钮运行游戏。先走向敌人以触发第一个通知，再远离敌人，触发第二个通知。

对上述代码的分步解析如下。

(1) OnTriggerEnter( )方法会在任意对象进入 Enemy 对象的 Sphere Collider 半径范围内被触发。

- 与 OnCollisionEnter( )方法类似，OnTriggerEnter( )方法也会存储一个对侵入对象的 Collider 组件的引用。
- 注意 other 变量是 Collider 类型，而不是 Collision 类型。

(2) 可以通过 other 来访问碰撞对象的名称，并使用 if 语句检查它是否为"Player"。

- 如果是，会向控制台打印出一条信息，指示玩家处于危险区域，如图 7-12 所示。

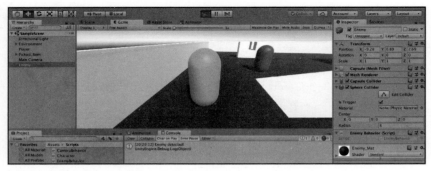

图 7-12

(3) OnTriggerExit( )方法会在任意对象离开 Enemy 对象的 Sphere Collider 半径范围内时被触发。

- 该方法同样也带有一个对碰撞对象的 Collider 组件的引用。

(4) 再次使用 if 语句，按名称检查离开 Sphere Collider 半径的对象。

- 如果是"Player"，会向控制台打印出另一条信息，指示玩家现在安全了，如图 7-13 所示。

图 7-13

当敌人警戒区域被入侵时，Enemy 对象上的 Sphere Collider 会发出事件通知，而 EnemyBehavior 脚本会捕获这些事件。每当玩家进入或离开 Sphere Collider 的半径范围时，控制台都会打印出调试日志，以示代码正常运行。在第 9 章"AI 基础和敌人行为"中，将以此敌人逻辑为基础进行扩展。

提示：

Unity 采用了一种称为组件的设计模式。简而言之，就是对象(以及它们的类)负责自己的行为。这就是为什么要将道具和敌人对象上的碰撞脚本分开，而不是让一个类处理所有碰撞内容。我们将在第 13 章 "旅程继续" 中作进一步讨论。

由于本书旨在尽可能多地灌输良好的编程习惯，因此在本章的最后需要将所有核心对象都转换为预制件。

勇者的试炼——全部变为预制件！

为了让项目为下一章做好准备，请将 Player 和 Enemy 对象拖到 Prefabs 文件夹中，创建出玩家和敌人的预制件。从现在开始，想要对 Player 和 Enemy 对象再做任何更改，都要记得单击 **Inspector** 面板中的 **Apply** 按钮，才能应用这些更改。

完成后，可以进入 "物理系统综述" 部分，回顾本章涵盖的主要内容，并充分吸收所学知识。

7.3.4　物理系统综述

- Rigidbody 组件能为被附加到的对象添加模拟现实世界的物理特性。
- Collider 组件通过 Rigidbody 组件与其他 Collider 组件(或对象)交互。
  - ◆ 如果 Collider 组件不是触发器，则充当具有实体的对象。
  - ◆ 如果 Collider 组件是触发器，则可以被穿过。
- 如果对象使用 Rigidbody 组件并启用了 Is Kinematic，则该对象是运动学对象，会被物理系统忽略。
- 如果对象使用 Rigidbody 组件并通过施加力或扭矩来为它的移动和旋转提供动力，则其为非运动学对象。
- 碰撞体根据它们的交互情况来发送通知。
  - ◆ 这些通知取决于 Collider 组件是否被设置为触发器。
  - ◆ 碰撞双方都可以接收通知，并且都自带包含对象碰撞信息的引用变量。

事实上，学习像 Unity 物理系统这样广泛而复杂的主题非一日之功。本章的知识将为未来更深入的研究奠定基础。

7.4   本章小结

在本章，我们创建了自己的第一款游戏，虽然游戏看似简单，但创建的游戏行为却不少。我们使用了向量和基本向量运算来确定 3D 空间中的位置和角度，也了解了玩家输入以及移动和旋转游戏对象的两种主要方法。我们甚至已经深入到 Unity 内部的物理系统，并掌握了刚体物理、碰撞、触发器和事件通知等知识。总而言之，Hero Born 项目有了一个好的开端。

在第 8 章中，将处理更多游戏机制，包括跳跃、射击以及与环境进行交互。这也将给我们提供更多实战经验，让我们可以使用刚体组件中的力、收集玩家输入以及根据情境所需来执行特定的逻辑。

7.5   小测验——玩家控制和物理系统

1. 可以使用什么数据类型来存储 3D 空间的移动和旋转信息？
2. 在 Unity 中，可以使用哪些内置组件来跟踪和修改玩家控制？
3. 哪个组件为 GameObject 添加了真实世界的物理特性？
4. Unity 建议使用什么方法在 GameObject 上执行和物理相关的代码？

第 *8* 章
游戏机制脚本编写

在第 7 章中，我们重点了解了使用代码来实现玩家角色和摄像机的移动，进而介绍了 Unity 物理系统的一些相关知识。然而，只是控制玩家角色并不足以制作出一款引人入胜的游戏，事实上，它可能是所有游戏中共有的主题。

一款游戏的独特之处体现在其核心机制，以及这些机制赋予玩家的力量感和代入感。如果创建的虚拟环境不具备可玩性和感染力，玩家就缺乏一玩再玩的兴致，更不要说体会到游戏中的乐趣了。接下来，在尝试实现游戏机制的同时，我们还会进一步学习 C#编程知识以及一些中级功能。

本章将专注于游戏机制、系统设计和 UI(User Interfaces，用户界面)的基础知识，从而完成 Hero Born 的原型制作。

本章重点：

- 添加跳跃
- 理解层遮罩
- 实例化对象和预制件
- 理解游戏管理器类
- 属性的 Getter 和 Setter
- 游戏计分
- 编写 UI 脚本

8.1   添加跳跃

使用 Rigidbody 组件来控制玩家移动的一大优势在于，可以轻松添加各种依赖于施加力的机制，例如跳跃。本节将实现玩家的跳跃，并编写第一个实用工具(Utility)函数。

提示:
实用工具函数是一种类方法，可以用来完成某些繁琐的工作，避免我们的游戏代码变得散乱——例如，检查玩家是否碰到了地面以进行跳跃。

首先，介绍一种称为"枚举"的新数据类型。

8.1.1   介绍枚举

按照定义，枚举类型是属于同一变量的具名常量的集合。当需要用到一系列不同的值，且这些值都属于相同的父类型时，枚举就可以发挥用处。

为便于理解，一起来看以下代码片段中枚举的语法:

```
enum PlayerAction { Attack, Defend, Flee };
```

对代码片段分析如下:
- enum 关键字声明了它的类型，后跟变量名称。
- 枚举包含的值位于大括号中，每个值之间用逗号分隔(最后一个值除外)。
- 枚举必须以分号结尾，和之前使用的所有其他数据类型一样。

可以使用以下语法声明一个枚举变量:

```
PlayerAction currentAction = PlayerAction.Defend;
```

对上述语法分析如下:
- 变量类型为 PlayerAction。
- 变量具有名称，并与 PlayerAction 的某个值相等。

- 每个枚举常量都可以通过点表示法访问。

枚举看似简单，却能在适当场合发挥出巨大作用。它最有用的特性之一就是能够存储基本类型。

枚举的基本类型

枚举与基本类型相关联，意味着大括号内的每个常量都具有其关联值。枚举的默认基本类型是 int，它的第一个常量默认值为 0，后续常量就像数组一样，依次递增 1。

注意：

并非所有类型都可以在枚举中使用，枚举的基本类型仅限于 byte、sbyte、short、ushort、int、uint、long 和 ulong。这些都被称为整型类型，用于指定变量可以存储的数值的大小。

这些进阶内容略超出本书的讨论范围，大多数情况下使用 int 类型即可。

有关整型类型的更多信息，可访问 https://docs.microsoft.com/en-us/dotnet/csharp/language-reference/keywords/enum。

例如，现在将 PlayerAction 枚举的值列出如下，尽管通常不会像这样显式写出来，但这就是它的默认值：

```
enum PlayerAction { Attack = 0, Defend = 1, Flee = 2 };
```

没有规定基本值必须从 0 开始，实际上，只需要指定第一个值，C#就会为其余的值递增 1，例如：

```
enum PlayerAction { Attack = 5, Defend, Flee };
```

在上述示例中，Defend 自动等于 6，Flee 自动等于 7。但如果需要 PlayerAction 枚举包含不连续的值，可以进行显式添加，例如：

```
enum PlayerAction { Attack = 10, Defend = 5, Flee = 0};
```

我们甚至可以通过在枚举名称后添加冒号，将 PlayerAction 的基本类型更改为其他支持类型，例如：

```
enum PlayerAction : byte { Attack, Defend, Flee };
```

检索枚举的基本类型需要执行显式类型转换，相关内容都已做过介绍，因而可以轻易理解以下语法。

```
enum PlayerAction { Attack = 10, Defend = 5, Flee = 0};

PlayerAction currentAction = PlayerAction.Attack;
int actionCost = (int)currentAction;
```

枚举是编程过程中功能非常强大的工具，下面对枚举进行实际应用。

实践——按空格键使玩家跳跃

在对枚举类型有了基本了解后，可以使用 KeyCode 枚举来获取键盘输入。根据以下代码修改 PlayerBehavior 脚本并保存，然后单击 **Play** 按钮运行游戏。

```
public class PlayerBehavior : MonoBehaviour
{
    public float moveSpeed = 10f;
    public float rotateSpeed = 75f;

    // 1
    public float jumpVelocity = 5f;

    private float vInput;
    private float hInput;

    private Rigidbody _rb;

    void Start()
    {
        _rb = GetComponentRigidbody>();
    }

    void Update()
```

```
    {
        // ... No changes needed ...
    }

    void FixedUpdate()
    {
        // 2
        if(Input.GetKeyDown(KeyCode.Space))
        {
            // 3
            _rb.AddForce(Vector3.up * jumpVelocity, ForceMode.Impulse);
        }

        // ... No other changes needed ...
    }
}
```

对上述代码的分步解析如下。

(1) 创建一个公共变量，用于存储想要施加的跳跃力的大小，可以在 **Inspector** 面板中进行调整。

(2) Input.GetKeyDown( )方法会返回一个布尔值，返回结果取决于是否按下了指定的键位。

- 该方法接受一个键位参数，可以是字符串或 KeyCode，而后者是枚举类型。这里指定对 KeyCode.Space(空格键)进行检查。
- 使用 if 语句来检查该方法的返回值，如果为 true，执行 if 主体内的语句。

(3) 由于已经存储了 Rigidbody 组件，因此可将 Vector3 和 ForceMode 参数传入 RigidBody.AddForce( )方法，来使玩家跳跃。

- 向量(或施加的力)指定为 up (向上)方向，并乘以 jumpVelocity 的值。
- ForceMode 参数决定了力的施加方式，它也是枚举类型。Impulse 向对象传递计入物体质量的即时力，用它来实现跳跃机制非常理想。

提示：
ForceMode 的其他选项在部分场合也会很有帮助，相关的详细说明可访问 https://docs.unity3d.com/ScriptReference/ForceMode.html。

如果运行游戏，现在就能向四处移动，并按下空格键使玩家跳跃。但是目前的机制对跳跃没有限制，玩家可以无数次地连续跳跃，这不是我们想要的结果。下一节中将使用称为"层遮罩(Layer Mask)"的设置来将跳跃机制调整为一次一跳。

8.1.2　使用层遮罩

可以将层遮罩理解为用来归类 GameObject 的不可见分组，Unity 物理系统使用这些分组来决定从寻路导航到碰撞体相交等各种情况的处理。层遮罩的其他使用方式超出了本书的讨论范围，这里我们仅创建并使用层遮罩来执行一个简单的检查——Player 对象是否触地。

实践——设置对象的层

在检查玩家是否触地之前，需要先将关卡中的所有对象都添加到自定义层遮罩中。这样就能使用已经附加给玩家的 Capsule Collider 组件来执行碰撞计算。具体步骤如下所示。

(1) 选中 **Hierarchy** 面板中的任意 GameObject，然后在 **Inspector** 面板中单击 **Layer|Add Layer...**，如图 8-1 所示

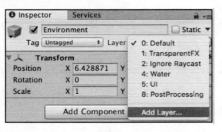

图 8-1

(2) 通过向第一个可用的位置输入"Ground"，来添加一个层名为"Ground"的新层，如图 8-2 所示。

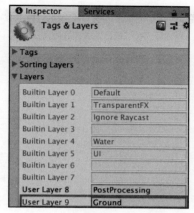

图 8-2

（3）在 **Hierarchy** 面板中选中父对象 Environment，单击 **Layer** 下拉菜单，然后选择 **Ground**，如图 8-3 所示。当弹出对话框询问是否也要应用到所有子对象时，单击 **Yes** 按钮。

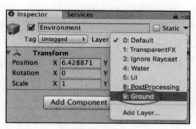

图 8-3

默认情况下，Unity 引擎占用了 0~7 层，为我们留下了其他 24 个位置创建自定义层。在这里，我们定义了一个名为 **Ground** 的新层，并将 Environment 对象的所有子对象都分配给了该层。之后就可以检查处于 **Ground** 层的对象是否与某个指定对象相交了。下面就通过这种方式来确保玩家只有在地面上才能进行跳跃，解决无限次跳跃的问题。

实践——设置一次一跳

为了避免 Update( )方法中的代码散乱，我们将层遮罩的计算写到一个实用工具函数中，并根据计算的结果返回 true 或 false 值。

　　请进行如下操作。

　　(1) 将以下代码添加到 PlayerBehavior 脚本，并再次运行游戏。

```csharp
public class PlayerBehavior : MonoBehaviour
{
    public float moveSpeed = 10f;
    public float rotateSpeed = 75f;
    public float jumpVelocity = 5f;

    // 1
    public float distanceToGround = 0.1f;

    // 2
    public LayerMask groundLayer;

    private float _vInput;
    private float _hInput;
    private Rigidbody _rb;

    // 3
    private CapsuleCollider _col;

    void Start()
    {
        _rb = GetComponent<Rigidbody>();

        // 4
        _col = GetComponent<CapsuleCollider>();
    }

    void Update()
    {
        // ... No changes needed ...
    }

    void FixedUpdate()
    {
        // 5
        if(IsGrounded() && Input.GetKeyDown(KeyCode.Space))
```

```
        {
        _rb.AddForce(Vector3.up * jumpVelocity,
            ForceMode.Impulse);
        }

        // ... No other changes needed ...
    }

    // 6
    private bool IsGrounded()
    {
        // 7
        Vector3 capsuleBottom = new Vector3(_col.bounds.center.x,
            _col.bounds.min.y, _col.bounds.center.z);
        // 8
        bool grounded = Physics.CheckCapsule(_col.bounds.center,
            capsuleBottom, distanceToGround, groundLayer,
            QueryTriggerInteraction.Ignore);
        // 9
        return grounded;
    }
}
```

(2) 在 **Inspector** 面板中，找到 PlayerBehavior 脚本的 **Ground Layer**，通过下拉菜单设置其为 **Ground**，如图 8-4 所示。

图 8-4

对上述代码的分步解析如下。

(1) 创建一个公共 float 变量，用于存储玩家的 Capsule Collider 组件和任何处于 **Ground** 层的对象之间的距离。

(2) 创建一个公共 LayerMask 变量，用于碰撞检测，可以在 **Inspector** 面板中进行设置。

(3) 创建一个私有变量，用于存储玩家的 CapsuleCollider 组件。

(4) 使用 GetComponent( )方法来查找并返回附加给玩家的 CapsuleCollider 组件。

(5) 修改 if 语句，在执行跳跃代码之前检查 IsGrounded 是否返回 true 且空格键是否被按下。

(6) 声明一个名为 IsGrounded( )的方法，该方法会返回一个布尔值。

(7) 创建一个局部 Vector3 变量，用来存储玩家的 CapsuleCollider 组件的底部位置。我们会检查这个位置是否与 **Ground** 层上的对象发生碰撞。

- 所有 Collider 组件都具有 bounds(包围盒)属性，可以通过 bounds 的 **min**、**max** 和 **center** 属性来访问其最小点、最大点和中心位置，进而获取这些位置的 *x*、*y* 和 *z* 的值。
- Collider 组件的底部即 3D 空间中的点坐标(**center.x, min.y, center.z**)。

(8) 创建一个局部布尔变量，用于存储从 Physics 类调用的 CheckCapsule( )方法的结果，该方法接受以下 5 个参数:

- 胶囊体的初始位置(Start): 设置为 CapsuleCollider 组件的中心位置，因为我们只关心胶囊体的底部是否触地。
- 胶囊体的结束位置(End): 即上一步中计算出的 capsuleBottom 位置。
- 胶囊体的半径: 即之前已经设置好的 distanceToGround 变量。
- 想要检查碰撞的层遮罩: 设置为 **Inspector** 面板中的 groundLayer。
- QueryTriggerInteraction: 它会确定 CheckCapsule( )方法是否应忽略设置为触发器的碰撞体。由于这里不需要检查触发器，所以使用 QueryTriggerInteraction.Ignore 枚举。

(9) 当计算结束后，返回存储在 grounded 中的结果。

注意:

也可以手动完成碰撞计算，但这里不展开介绍其所需的复杂的三维数学知识。可以使用内置方法时，最好优先使用内置方法。

新添加到 PlayerBehavior 脚本的代码虽然略显复杂，但经过分步解析就会发现，代码中涉及的新内容仅使用了一个来自 Physics 类的方法。简单来说，我们只是向 CheckCapsule( )方法提供了界定胶囊体的起始位置和结束位置、碰撞半径以及遮罩层。如果终点位置与遮罩层上的某对象之间的距离小于碰撞半径，则 CheckCapsule( )方法返回 true，意味着玩家触地。如果玩家正处于跳跃过程中，则 CheckCapsule( )方法返回 false。由于每一帧都将在 Update( )方法中使用 if 语句检查 IsGround，因此实现了只有当玩家触地时，才允许进行跳跃。

至此，跳跃机制就完成了，不过玩家仍缺少某种手段，来应对竞技场内的敌人。下面，我们将通过实现一种简单的射击机制来实现这一目标。

8.2 发射子弹

射击机制在游戏中十分常见，几乎所有第一人称游戏都会运用到某种射击机制，Hero Born 项目也不例外。本节将讨论如何在游戏运行时从预制件中实例化 GameObject，并使用学过的知识，通过 Unity 物理系统驱动它们向前射出。

前几章使用了类的构造函数创建了对象，而在 Unity 中实例化对象与此略有不同，将在下一节中具体介绍。

8.2.1 实例化对象

在游戏中实例化 GameObject 的概念与实例化类相同——两者都需要初始值，这样 C#才知道要创建什么对象以及在何处创建它。不过在场景中实例化 GameObject 时，可以使用 Instantiate( )方法并提供预制件对象、起始位置和起始旋转，来简化这一流程。

本质上，也可以使用 Unity 在某个位置、朝着某个方向，创建一个包含所需组件和脚本的特定对象，然后在 3D 空间中根据需要再进行调整。

下面，先创建对象预制件。

实践——创建子弹预制件

在能够发射任何子弹类投射物之前，首先需要创建预制件以便引用。具体步骤如下所示。

(1) 在 **Hierarchy** 面板的左上角，选择 **Create** | **3D Object** | **Sphere**，创建一个球体，命名为 Bullet。

● 将 **Transform** 组件的 X、Y 和 Z 轴上的 **Scale** 都更改为 0.15。

(2) 在 Inspector 面板中单击 **Add Component** 按钮，查找并添加 Rigidbody 组件，保留默认属性即可。

(3) 在 **Project** 面板中的 **Materials** 文件夹上右击，从菜单中选择 **Create** | **Material**，创建一个新材质，命名为 Orb_Mat:

● 将 **Albedo** 属性更改为深黄色。

● 将 Orb_Mat 材质拖放到 Bullet 对象上。

(4) 从 **Hierarchy** 面板将 Bullet 对象拖入 **Project** 面板中的 **Prefabs** 文件夹，完成后删除场景里的 Bullet 对象，如图 8-5 所示:

图 8-5

至此，子弹预制件就已经创建并配置好了，它可以根据游戏所需进行多次实例化，并在必要时进行修改。下面实现射击机制。

实践——添加射击机制

有了可以使用的预制件，就可以通过单击鼠标实例化并移动预制件的副本，实现射击机制。具体步骤如下所示。

(1) 根据以下代码修改 PlayerBehavior 脚本：

```
public class PlayerBehavior : MonoBehaviour
{
    public float moveSpeed = 10f;
    public float rotateSpeed = 75f;
    public float jumpVelocity = 5f;
    public float distanceToGround = 0.1f;
    public LayerMask groundLayer;

    // 1
    public GameObject bullet;
    public float bulletSpeed = 100f;

    private float _vInput;
      private float _hInput;
    private Rigidbody _rb;
    private CapsuleCollider _col;

    void Start()
    {
        // ... No changes needed ...
    }

    void Update()
    {
        // ... No changes needed ...
    }

    void FixedUpdate()
    {
        // ... No other changes needed ...

        // 2
        if (Input.GetMouseButtonDown(0))
```

```
        {
            // 3
            GameObject newBullet = Instantiate(bullet,
                this.transform.position + new Vector3(1, 0, 0),
                    this.transform.rotation) as GameObject;

            // 4
            Rigidbody bulletRB =
                newBullet.GetComponent<Rigidbody>();

            // 5
            bulletRB.velocity = this.transform.forward *
                                        bulletSpeed;
        }
    }

    private bool IsGrounded()
    {
        // ... No changes needed ...
    }
}
```

(2) 在 Inspector 面板中,将 Bullet 预制件拖放到 PlayerBehavior 脚本的 Bullet 属性处,如图 8-6 所示。

图 8-6

(3) 运行游戏，单击鼠标向玩家面对的方向发射子弹。

对上述代码的分步解析如下。

(1) 创建两个公共变量：一个用于存储 Bullet 预制件，另一个用于存储子弹的速度。

(2) 使用 if 语句来检查 Input.GetMouseButtonDown( )方法是否返回 true，就像之前检查 Input.GetKeyDown( )方法一样。

- GetMouseButtonDown( )接受一个 int 参数来确定需要检查的鼠标按键，其中，0 表示左键，1 表示右键，2 表示中键或滚轮。

注意：

由于所使用的 FixedUpdate( )方法不是每帧运行一次，因此检查玩家输入时可能会导致输入丢失或双重输入。这里为了简单起见，使用了 FixedUpdate( )方法，但更好的解决方案是：在 Update( )方法中检查玩家输入，然后在 FixedUpdate( )方法中施加力或设置速度。

(3) 每当按下鼠标左键时，都会创建一个局部 GameObject 变量。

- 使用 Instantiate( )方法，通过向方法传入 Bullet 预制件为 newBullet 变量赋值。并通过 Player 对象的位置，来确定 newBullet 对象的生成位置，使之位于玩家面前以避免与玩家碰撞。
- 在句尾添加 "as GameObject" 会将返回的对象显式转换为与 newBullet 相同的类型。

(4) 调用 GetComponent( )方法以返回并存储 newBullet 对象上的 Rigidbody 组件。

(5) 将 Rigidbody 组件的 velocity(速度)属性设置为玩家的 transform.forward 方向乘以 bulletSpeed。

- 不使用 AddForce( )方法，而是直接更改 velocity，可以确保子弹的发射不会因受到重力作用而发生抛物线下坠。

更新完成之后，我们再次较大程度升级了玩家脚本的逻辑，但也产生了一个新问题，那就是场景内和层级中都充斥着用过的子弹对象。下面就要清理射出后的子弹，以避免出现性能问题。

8.2.2　管理游戏对象的堆积

无论是编写完全基于代码的应用程序还是 3D 游戏,都需要定期删除无用的对象,以避免造成程序过载。游戏中的子弹在射出后就失去作用了,却仍然存在于关卡中,散落在与之发生碰撞的墙体等对象周围的地上。

诸如此类的射击机制可能会导致场景中成百上千颗子弹散落在地,这不是我们想要的结果。下面就通过设定延迟时间,来实现子弹的销毁。

实践——销毁子弹

可以使用已学知识,让子弹执行自身的销毁行为,具体步骤如下所示。

(1) 在 Scripts 文件夹中新建一个 C#脚本,命名为 BulletBehavior。

(2) 将 BulletBehavior 脚本拖放到 Prefabs 文件夹中的 Bullet 预制件上,并添加以下代码:

```
public class BulletBehavior : MonoBehaviour
{
    // 1
    public float onscreenDelay = 3f;

    void Start ()
    {
        // 2
        Destroy(this.gameObject, onscreenDelay);
    }
}
```

对上述代码的分步解析如下。

(1) 声明一个公共 float 变量,用于存储 Bullet 预制件在实例化后在场景中保留的时间。

(2) 使用 Destroy( )方法删除 GameObject。

- Destroy( )方法需要一个对象作为参数。在本例中,使用了 this 关键字来指定脚本附加给的对象。

- Destroy( )方法还可以使用可选的 float 参数来表示延迟时间，从而让子
弹在屏幕上保留一小段时间。

再次运行游戏并发射一些子弹，将发现它们在指定的延迟时间过后，从场
景中自行销毁。这意味着子弹执行了自身定义的行为，不需要其他脚本介入，
这是对"组件"设计模式的理想应用。在第 13 章中将对此展开更多讨论。

完成了"内务"工作后，接着将介绍所有项目在经历精心设计和组织过程
中都会使用到的管理类。

8.3 创建游戏管理器

学习编程的一个常见误区是把所有变量都设置为公共的，而这是不可取
的。根据经验，首先应考虑将变量设置为受保护的和私有的，仅在必要时才设
置为公开。有经验的程序员会通过管理类来保护数据，为了养成良好的习惯，
我们也将效仿这样的方式。可以将管理类视为安全访问重要变量和方法的通道。

在编程环境中讨论"安全"听起来有些奇怪。然而，当有不同的类相互通
信和更新数据时，可能会造成混乱。如果只保留单个通信联系点(例如管理类)，
就可以减少这种情况的发生。下一节将讨论如何有效地使用管理类来达成这一
目的。

8.3.1 追踪玩家属性

Hero Born 是一款十分简单的游戏，因此需要追踪的数据点只有两项：玩家
的道具收集数以及剩余生命值。这些变量需要设置成私有的，使得它们只能在
管理类中修改，从而保证控制权和安全性。下面就为 Hero Born 项目创建一个
游戏管理类并为其添加有用的功能。

实践——创建游戏管理器

游戏管理类对于将来开发任何项目都是必需的，下面先学习如何正确地创
建游戏管理类，具体步骤如下所示。

(1) 在 **Scripts** 文件夹中新建一个新 C#脚本，命名为 GameBehavior。

注意:
这个脚本通常会命名为 GameManager，但由于 Unity 保留了该名称供自己使用，所以这里用了 GameBehavior。如果新建脚本的图标显示为"齿轮"而不是"C#文件"，就表明它受到限制。

(2) 在 **Hierarchy** 面板中，选择 **Create** | **Create Empty**，创建一个空 GameObject，命名为 Game Manager。

(3) 将 GameBehavior 脚本附加给 **Game Manager** 对象，如图 8-7 所示。

图 8-7

提示:
将管理类脚本这样的非游戏文件附加在空对象上，是为了让它存在于场景中，即使它并不与 3D 空间发生实际交互。

(4) 在 GameBehavior 脚本中添加以下代码:

```
public class GameBehavior : MonoBehaviour
{
    private int _itemsCollected = 0;
    private int _playerHP = 10;
}
```

对上述代码的解析如下。

添加了两个私有 int 变量来保存玩家拾取的道具数和玩家剩余的生命值。将其设置为私有是因为它们只能在 GameBehavior 这个管理类中修改。如果设置为公共的，其他类可能会随意修改它们，并导致变量存储不正确或数据并发的情况发生。

将这些变量声明为是私有的，意味着我们还要设置它们的访问方式。下面有关 get 和 set 属性的介绍，将帮助我们以一种标准、安全的方式实现上述目标。

8.3.2 get 和 set 属性

我们已经设置好了管理类脚本和私有变量，那么如何从其他类访问这些私有变量呢？虽然可以在 GameBehavior 脚本中编写不同的公共方法，来将新值传递给私有变量，但是否有更好的解决办法呢？

在这种情况下，C#为所有变量提供了 get 和 set 属性，使我们能够满足此刻的需求。可以将这些属性视为由 C#编译器自动触发的方法，类似于 Start( )和Update( )方法，无论是否显式调用它们，场景启动时 Unity 都会去执行。

get 和 set 属性可以被添加到任何变量中，有无初始值皆可，如以下代码片段所示：

```
public string firstName { get; set; }
```

或

```
public string lastName { get; set; } = "Smith";
```

然而，仅仅这样使用不会产生任何附加效果，我们还需要为每个属性添加代码块，如下所示：

```
public string FirstName
{
    get {
        // Code block executes when variable is accessed
    }

    set {
        // Code block executes when variable is updated
    }
}
```

现在，根据变量使用情况，get 和 set 属性会执行附加的逻辑。接下来，需要处理这些新逻辑。

每个 get 代码块都需要返回一个值，而每个 set 代码块都需要赋予一个值。当前正适合将私有变量(称为支持变量，Backing variable)和具有 get 和 set 属性的公共变量结合使用。结合后的私有变量仍将受到保护，而公共变量允许来自其他类的受控访问，如以下代码片段所示：

```
private string _firstName;
public string FirstName
{
    get {
        return _firstName;
    }

    set {
        _firstName = value;
    }
}
```

对上述代码的解析如下。

- 每当其他类需要时，可以使用 get 属性返回存储在私有变量中的值，而不需要将变量暴露给外部类。
- 每当外部类为公共变量赋予新值时，可以更新私有变量，以保持它们同步。
- value 关键字代表新的赋值。

不进行实际应用，只凭这样解释似乎有点深奥，所以下面就结合现有的私有变量，创建具有 get 和 set 属性的公共变量，来更新 GameBehavior 脚本。

实践——添加支持变量

了解 get 和 set 属性访问器的语法后，可以在管理类中实现它们，以提高效率和代码可读性。

根据以下代码修改 GameBehavior 脚本：

```
public class GameBehavior : MonoBehaviour
```

```
{
    private int _itemsCollected = 0;

    // 1
    public int Items
    {
        // 2
        get { return _itemsCollected; }
        // 3
        set {
            _itemsCollected = value;
            Debug.LogFormat("Items: {0}", _itemsCollected);
        }
    }

    private int _playerHP = 10;

    // 4
    public int HP
    {
        get { return _playerHP; }
        set {
            _playerHP = value;
            Debug.LogFormat("Lives: {0}", _playerHP);
        }
    }
}
```

对上述代码的分步解析如下。

(1) 声明一个名为 Items，具有 get 和 set 属性的公共 int 变量。

(2) 每当从外部类访问 Items 变量时，都会使用 get 属性返回存储在 _itemsCollected 变量中的值。

(3) 在 Items 变量被更新时，使用 set 属性为 _itemsCollected 变量赋予新值，并添加 Debug.LogFormat( )方法，用来打印 _itemsCollected 变量修改后的值。

(4) 创建一个名为 HP，具有 get 和 set 属性的公共 int 变量，从而可以为私有的支持变量 _playerHP 进行补充。

现在这两个私有变量都是可读的，但只能通过相对应的公共变量读取，同时，也只能在 GameBehavior 类中进行更改。这样的设置限定了访问和修改私有数据的通信联系点，从而让其他脚本与 GameBehavior 脚本之间的通信变得更容易，在本章末尾创建 UI 部分，需要显示实时数据的时候，我们会体会到这一点。

实践——更新道具收集

设置好 GameBehavior 脚本中的变量后，每当在游戏场景中收集 Item 对象时就可以更新 Items 变量，具体步骤如下所示。

(1) 在 ItemBehavior 脚本中添加如下代码：

```
public class ItemBehavior : MonoBehaviour
{
    // 1
    public GameBehavior gameManager;

    void Start()
    {
        // 2
        gameManager = GameObject.Find("Game
            Manager").GetComponent<GameBehavior>();
    }

    void OnCollisionEnter(Collision collision)
    {
        if (collision.gameObject.name == "Player")
        {
            Destroy(this.transform.parent.gameObject);
            Debug.Log("Item collected!");

            // 3
            gameManager.Items += 1;
        }
    }
}
```

(2) 单击 **Play** 按钮运行游戏，并拾取 Item 对象，查看管理类脚本向控制台打印出的信息，如图 8-8 所示。

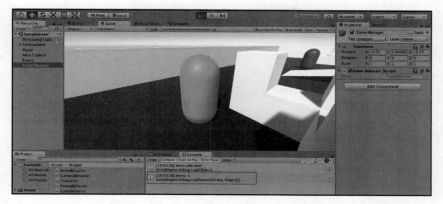

图 8-8

对上述代码的分步解析如下。

(1) 创建一个 GameBehavior 类型的变量，用来存储对附加的脚本的引用。

(2) 在 Start( )方法中，通过 GameObject.Find( )方法在场景中查找对象，并调用 GetComponent( )方法来返回对象上附加的脚本，完成初始化 gameManager 变量。

提示：

这种一行内解决问题的代码在 Unity 文档和社区的项目中十分常见。这样做是为了简化代码，但如果你更喜欢将 Find( )和 GetComponent( )方法分开写也可以，只要保持格式清晰明确就可以。

(3) 当 Item 对象被销毁后，在 OnCollisionEnter( )方法中为管理类中的 Items 属性增加 1。

由于已经在 ItemBehavior 脚本中设置好了碰撞逻辑，因此很容易在玩家拾取道具时修改 OnCollisionEnter( )方法，从而与管理类进行通信。请记住，像这样分离功能可以使代码更加灵活，在开发期间进行更改时出错的可能性也会降低。

Hero Born 项目最后还缺少向玩家显示游戏数据的界面。这在编程和游戏开发中称为用户界面(User Interface, UI)。本章的最后部分将介绍如何使用 Unity 创建和处理 UI 代码。

8.4   游戏的收尾打磨

至此，在多个脚本的共同工作下，游戏实现了玩家的移动、跳跃、收集以及射击等机制。然而，仍然缺少能够展示玩家状态数据的某种显现内容或视觉提示，也缺少游戏挑战成功或失败的条件。本章的最后部分将重点讨论这两个主题。

8.4.1   GUI

UI(User Interface，用户界面)是任何计算机系统都有的视觉组件。电脑上的光标、文件夹图标和程序都具备 UI 元素。我们的游戏需要一个简单的内容显示，用于让玩家知道已经收集了多少道具以及当前的生命值，还需要一个在特定事件发生时能够提供信息的文本框。

在 Unity 中添加 UI 元素有以下两种方式：

- 和创建其他游戏对象一样，直接从 **Hierarchy** 面板中的 **Create** 菜单进行创建。
- 在代码中使用内置的 GUI 类。

我们会使用代码方式来添加 GameBehavior 类中的三个 UI 元素。这么选择并不是因为代码方式优于另一种，而是因为我们正在学习编程，所以还是和之前保持一致为好。

GUI 类提供了多种方法来创建和定位组件，所有对 GUI 方法的调用都在 MonoBehaviour 脚本的 OnGUI( )方法中进行。可以将 OnGUI( )方法视为用于 UI 的 Update( )方法，它每帧运行一次到多次，是编程接口的主要通信联系点。

提示：

以下示例仅涉及 GUI 类的冰山一角，更多内容可通过 https://docs.unity3d.com/ScriptReference/GUI.html 查看。

如果对非编程 UI 感兴趣，想要学习 Unity 视频教程系列，可访问 https://unity3d.com/learn/tutorials/s/user-interface-ui。

下面向游戏场景添加一个简单的 UI，该 UI 会显示在 GameBehavior 脚本中存储的两个变量：道具收集数和玩家生命值。

实践——添加 UI 元素

目前可以向玩家显示的信息有限，但我们应该以一种令人愉悦、引人注目的方式将这些信息显示在屏幕上，具体步骤如下所示。

(1) 根据以下代码修改 GameBehavior 脚本，用于收集道具。

```
public class GameBehavior : MonoBehaviour
{
    // 1
    public string labelText = "Collect all 4 items and win
     your freedom!";
    public int maxItems = 4;

    private int _itemsCollected = 0; public int Items
    {
        get { return _itemsCollected; }
        set {
            _itemsCollected = value;

            // 2
            if(_itemsCollected >= maxItems)
            {
                labelText = "You've found all the items!";
            }
            else
            {
                labelText = "Item found, only " + (maxItems -
                  _itemsCollected) + " more to go!";
            }
        }
    }

    private int _playerHP = 3;
    public int HP
    {
        get { return _playerHP; }
        set {
            _playerHP = value;
```

```
            Debug.LogFormat("Lives: {0}", _playerHP);
        }
    }

    // 3
    void OnGUI()
    {
        // 4
        GUI.Box(new Rect(20, 20, 150, 25), "Player Health:" +
            _playerHP);

        // 5
        GUI.Box(new Rect(20, 50, 150, 25), "Items Collected: " +
            _itemsCollected);

        // 6
        GUI.Label(new Rect(Screen.width / 2 - 100, Screen.height -
            50, 300, 50), labelText);
    }
}
```

(2) 运行游戏并查看 UI, 如图 8-9 所示。

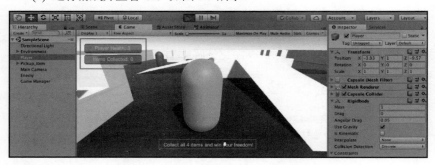

图 8-9

对上述代码的分步解析如下。

(1) 创建两个公共变量。

● 一个用于显示屏幕底部的文本。

● 另一个用于表示关卡中道具的最大数量。

(2) 在 _itemsCollected 变量的 set 属性中声明了一条 if 语句。

- 如果玩家收集的道具数量大于或等于 maxItems，那么玩家取胜并更新 labelText 变量。
- 否则，使用 labelText 变量显示还有多少道具需要收集。

(3) 声明 OnGUI( )方法来存放 UI 相关代码。

(4) 通过指定位置、尺寸与字符串信息来创建 GUI.Box( )方法。

- Rect 类构造函数接收 *x*、*y*、**width** 和 **height** 的值。
- Rect 对象的起始位置始终为屏幕左上角。
- 使用 new Rect(20, 20, 150, 25)可创建一个位于屏幕左上角的 2D 方框，它的左边距为 20，上边距为 20，宽度为 150，高度为 25。

(5) 使用 GUI.Box( )方法在生命值方框的下面创建另一个方框，用于显示当前的道具收集数量。

(6) 使用 GUI.Label( )方法在屏幕底部的中心位置创建一个标签来显示 labelText 变量。

- 因为 OnGUI( )方法每帧至少会执行一次，所以每当 labelText 的值发生变化，都会立即在屏幕上更新。
- 这里使用 Screen 类的 width(宽度)和 height(高度)属性获取绝对位置，而不是手动计算屏幕的中间位置。

现在运行游戏，3 个 UI 元素都会显示出正确的值。每当收集到一个道具，labelText 和 _itemsCollected 变量的值都会更新，如图 8-10 所示。

图 8-10

所有游戏都设有胜负条件。在本章的最后部分，将实现这些条件并设置相应的 UI。

8.4.2   胜负条件

游戏的核心机制和简单 UI 都已完成，但是 Hero Born 还缺少一个十分重要的游戏设计元素：胜负条件。这些条件的设置将决定玩家在游戏中如何取胜或落败，并根据输赢情况执行不同的代码。

回顾第 6 章"亲手实践 Unity"中的游戏设计文档，当时考虑了以下胜负条件。

- 玩家在关卡中集齐所有道具，且生命值至少为 1 时，游戏胜利。
- 玩家受到敌人伤害且生命值降为 0 时，游戏失败。

这些条件也会影响到 UI 和游戏机制，幸而我们已经设置了 GameBehavior 脚本以有效地应对这个问题。get 和 set 属性会处理任何游戏相关逻辑，而 OnGUI( ) 方法将根据玩家胜负来处理对 UI 的更改。

因为拾取系统已经就位，所以在本节中会实现获胜条件的逻辑，而在第 9 章讨论敌人 AI 行为时，我们会再添加失败条件的逻辑。下面先要在代码中确定游戏胜利的条件。

实践——游戏胜利

为了给玩家带来清晰的即时反馈，首先来添加获胜条件的逻辑，具体步骤如下所示。

(1) 根据以下代码修改 GameBehavior 脚本。

```
public class GameBehavior : MonoBehaviour
{
    // 1
    public bool showWinScreen = false;

    private int _itemsCollected = 0;
    public int Items
    {
        get { return _itemsCollected; }
```

```
        set {
            _itemsCollected = value;

            if (_itemsCollected >= maxItems)
            {
                labelText = "You've found all the items!";

                // 2
                showWinScreen = true;
            }
            else
            {
                labelText = "Item found, only " + (maxItems -
                _itemsCollected) + " more to go!";
            }
        }
    }

    // ... No changes needed ...

    void OnGUI()
    {
        // ... No changes to GUI layout needed ...

        // 3
        if (showWinScreen)
        {
            // 4
            if (GUI.Button(new Rect(Screen.width/2 - 100,
            Screen.height/2 - 50, 200, 100), "YOU WON!"))
            {

            }
        }
    }
}
```

(2) 在 **Inspector** 面板中，将 **Max Items** 的值更改为 1，然后进行测试，如图 8-11 所示。

图 8-11

对上述代码的分步解析如下。

(1) 创建一个公共布尔变量,用于跟踪"胜利界面(Win Screen)"出现的时机。

(2) 当玩家集齐所有道具时,在 Items 变量的 set 属性中,将 showWinScreen 的值设置为 true。

(3) 在 OnGUI( )方法中,使用 if 语句来检查是否应显示"胜利界面"。

(4) 使用 GUI.Button( )方法在屏幕中央创建一个可单击的按钮,上面显示提供给玩家的信息。

- GUI.Button( )方法返回一个布尔值。当按钮被单击时返回 true,否则返回 false。
- 在 if 语句中调用 GUI.Button( )方法,会在按钮被单击时执行 if 主体内的语句。

Max Items 被设置为 1 时,一旦收集到场景中唯一的道具,"胜利按钮"就会显示。现在单击按钮还不会执行任何操作,我们将在下一节中解决该问题。

8.4.3 使用指令和命名空间

虽然胜利条件如预期运作了,但是胜利后,玩家仍然可以操作胶囊体,游戏结束后也无法重新开始。Unity 在 Time 类中提供了一个名为 TimeScale 的属性,当它被设置为 0 时会实现游戏暂停。但要重新启动游戏,则需要访问名为 SceneManagement 的命名空间。而默认情况下,我们的类无法直接访问该命名空间。

　　命名空间会对一系列的类进行收集并归类在不同的特定名称下，经过这样
的整理，大型项目得以避免因脚本名称相同而产生冲突。可以通过向类中添加
using 指令来访问另一个命名空间中的类。

　　在 Unity 中创建的所有 C#脚本都带有 3 个默认 using 指令，如下面的代码
片段所示：

```
using System.Collections;
using System.Collections.Generic;
using UnityEngine;
```

　　这样就能访问常用的命名空间了。但 Unity 和 C#还提供了更多的功能，可
以通过使用 using 关键字加上命名空间的名称来获取。

实践——游戏暂停与重启

　　由于在玩家胜利或失败之时，游戏需要能够暂停和重启，因此这里就会用
到新建 C#脚本中默认不包含的命名空间。

　　将以下代码添加到 GameBehavior 脚本，然后运行游戏：

```
using System.Collections;
using System.Collections.Generic;
using UnityEngine;

// 1
using UnityEngine.SceneManagement;

public class GameBehavior : MonoBehaviour
{
    // ... No changes needed ...

    private int _itemsCollected = 0;
    public int Items
    {
        get { return _itemsCollected; }
        set {
            _itemsCollected = value;
```

```
            if (_itemsCollected >= maxItems)
            {
                labelText = "You've found all the items!";
                showWinScreen = true;

                // 2
                Time.timeScale = 0f;
            }
            else
            {
                labelText = "Item found, only " + (maxItems -
                    _itemsCollected) + " more to go!";
            }
        }
    }

    // ... No other changes needed ...

    void OnGUI()
    {
        // ... No changes to GUI layout needed ...

        if (showWinScreen)
        {
            if (GUI.Button(new Rect(Screen.width/2 - 100,
                Screen.height/2 - 50, 200, 100), "YOU WON!"))
            {
                // 3
                SceneManager.LoadScene(0);

                // 4
                Time.timeScale = 1.0f;
            }
        }
    }
}
```

对上述代码的分步解析如下。

(1) 使用 using 关键字添加 SceneManagement 命名空间，它处理所有与 Unity 场景相关的逻辑。

(2) 当"胜利界面"出现时，将 Time.timeScale 的值设置为 0 以暂停游戏，从而禁用任何输入或移动。

(3) 当"胜利界面"中的"胜利按钮"被单击时，调用 LoadScene( )方法。

● LoadScene( )方法接受一个代表场景索引的 int 参数。

● 由于项目中只有一个场景，所以使用索引 0 来设置要重启的游戏场景。

(4) 游戏重启后，将 Time.timeScale 重置为默认值 1，这样所有的控制和行为都能再次执行。

现在，当玩家集齐道具并单击"胜利按钮"时，关卡将重新开始，所有脚本和组件都恢复为其初始值，为新一轮的游戏做好准备！

8.5　本章小结

恭喜！从玩家视角来看，Hero Born 项目现在已处于可玩状态了。我们实现了跳跃和射击机制，对物理碰撞和生成对象进行了管理，并添加了一些基本的 UI 元素来提供反馈，甚至可以在玩家胜利时重置关卡。

本章介绍了许多新主题，一定要及时回顾确保自己真的理解代码中所写的所有内容。尤其要掌握枚举、get 和 set 属性以及命名空间这几方面的知识。从本章起，随着对 C#语言研究的进一步深入，代码只会变得更加复杂。

在第 9 章中，我们将着手让敌人在玩家太过靠近时能够得到警示，从而执行跟踪及射击的行为，来增加玩家面临的风险。

8.6   小测验——游戏机制

1. 枚举存储的是什么类型的数据？
2. 如何在活动场景中创建预制件 GameObject 的副本？
3. 哪些变量属性允许我们在引用或修改其值时添加功能？
4. Unity 的哪种方法能够显示场景中的所有 UI 对象？

第 *9* 章
AI 基础与敌人行为

为了让玩家对虚拟场景感到真实，需要在场景中加入冲突、后果和奖励。如果缺乏这三种要素，玩家就会缺乏关心游戏角色的状态的动力，更不用说继续玩下去了。全部或部分满足这些要素的游戏机制虽然不少，但最好的方式还是在游戏中设置会追杀玩家的敌人。

编写这类智能敌人的程序绝非易事，往往耗时耗力。然而，通过 Unity 的内置功能、组件和类，就能以相对简单的方式设计和实现 AI 系统。本章将使用上述工具推动 Hero Born 项目诞生第一个可玩的迭代版本，从而为学习更高级的 C#主题做好过渡。

本章重点：
- Unity 导航系统
- 静态对象和导航网格
- 导航代理
- 面向过程编程与逻辑
- 捕捉和处理伤害
- 添加失败条件
- 重构技术

9.1 Unity 导航系统

现实生活中的导航，通常是指如何从 A 点移动到 B 点。在虚拟 3D 空间中的导航，基本概念也大致相同，只是那些现实中的人们从爬行起就开始积累的经验知识，如何去向计算机阐明并"教会"它呢？从在平地上行走，到爬楼梯，再到控制起跳，如何才能将这些在现实实践中自然而然掌握的技能编写到游戏中呢？

在回答这些问题之前，先要对 Unity 提供的导航组件有所了解。

导航组件

简言之，Unity 投入了大量时间去完善导航系统和相关组件，这些组件可以用来控制玩家角色和非玩家角色(NPC)的走动方式。以下列出的每个组件都是 Unity 标配，并且已经内置了复杂的功能。

- **NavMesh**(导航网格)本质上是特定关卡中可行走区域的地图，它是通过对关卡几何体进行烘焙创建而来的。在将 **NavMesh** 烘焙到关卡中的过程中，会生成一种特殊的项目资产文件，用来保存导航数据。

- 如果说 **NavMesh** 是关卡地图，那么 **NavMeshAgent**(导航网格代理)就是地图上可以移动的部件。任何附加了 **NavMeshAgent** 组件的对象，都会自动避开它快要碰到的其他代理或障碍物。

- 导航系统需要了解关卡中可能导致 **NavMeshAgent** 改变路线的对象。为这些或移动或静止的对象添加 **NavMeshObstacle**(导航网格障碍物)组件，就能让系统知道角色移动时需要避让它们。

虽然上述介绍只是 Unity 导航系统的一小部分，但已经足够用来设置敌人行为。本章将专注于向关卡添加 **NavMesh**，将 **Enemy** 预制件设置为 **NavMeshAgent**，并让 **Enemy** 以一种看似智能的方式沿着预定路线移动。

注意：
本章只会使用 **NavMesh** 和 **NavMeshAgent** 组件，若想进一步了解如何创建障碍物，可访问 https://docs.unity3d.com/Manual/navCreate-

NavMeshObstacle.html。

设置"智能"敌人的第一项任务是为竞技场的可行走区域创建 **NavMesh**。

实践——设置 NavMesh

创建并配置关卡的 **NavMesh**。

(1) 选中 **Environment** 对象,单击 **Inspector** 面板中 **Static** 旁边的箭头图标,并在下拉列表中选择 **Navigation Static**,如图 9-1 所示。

图 9-1

(2) 在弹出的对话框中单击 **Yes, change children** 按钮,将所有 **Environment** 对象的子对象全都设置为 **Navigation Static**。

(3) 使用 **Window | AI | Navigation** 打开 **Navigation** 面板,选择 **Bake** 标签。保留所有默认设置,然后单击 **Bake** 按钮,如图 9-2 所示。

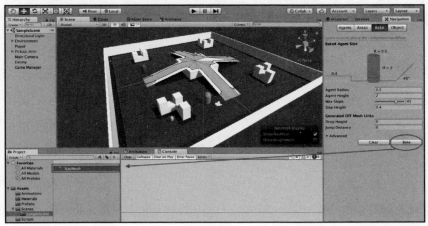

图 9-2

现在关卡中的所有对象都已标记为 **Navigation Static**，这意味着新烘焙的 **NavMesh** 已经根据 **NavMeshAgent** 的默认设置，评估出这些对象是否属于可行走区域。在图 9-2 中，浅蓝色部分就代表着附加了 **NavMeshAgent** 组件的对象可以行走的区域。下面设置 **NavMeshAgent** 组件。

实践——设置敌人代理

将 **Enemy** 对象注册为 NavMeshAgent 的步骤如下所示。

(1) 选中 **Enemy** 对象，在 **Inspector** 面板中单击 **Add Component** 按钮，然后搜索 **NavMeshAgent**，如图 9-3 所示。需要确保场景中的 **Enemy** 对象已更新。

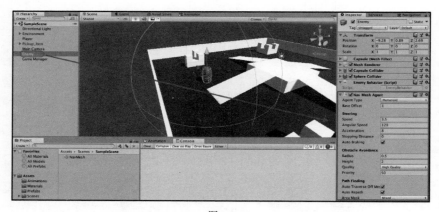

图 9-3

(2) 在 **Hierarchy** 面板的左上角，单击 **Create | Create Empty**，创建一个空对象，命名为 Patrol Route。

- 选中 **Patrol Route** 空对象，单击 **Create | Create Empty**，为其创建一个子对象，命名为 Location 1。将 **Location 1** 对象放置在关卡中的某个角落，如图 9-4 所示。

图 9-4

（3）再为 **Patrol Route** 创建另外 3 个空的子对象，分别命名为 Location 2、Location 3 和 Location 4，并将它们放置在关卡的另外 3 个角落，最终形成正方形，如图 9-5 所示。

图 9-5

向 **Enemy** 对象添加 **NavMeshAgent** 组件，就是告知 **NavMesh** 组件将它注册成为拥有自主导航功能的对象。然后创建 4 个空对象，分别放置在关卡的 4 个角落，规划出一条简单路线用于敌人巡逻。将它们分组放在一个空的父对象下，就能更容易地在代码中引用它们，也让 **Hierarchy** 面板的结构更有条理。目前就只差让敌人根据巡逻路线走动的代码了，请见下一节。

9.2　移动敌人代理

完成了巡逻点的设置，且 **Enemy** 对象也有了 **NavMeshAgent** 组件后，接下来面临的问题是：如何引用这些巡逻点并让敌人自己移动起来。在此之前，必须先讨论软件开发领域的一个重要概念：面向过程编程(Procedural Programming)。

面向过程编程

尽管"面向过程编程"的字面意思很好理解，但理解其背后的概念却没有那么容易。一旦真正了解它的内涵，将开拓代码设计的新思路。

当需要在一个或多个有序对象上执行相同的逻辑时，使用面向过程编程就是最佳选择。其实在我们使用 for 和 foreach 循环调试数组、列表和字典时，就已经在接触面向过程编程了。每执行一次循环语句，都会调用一次 Debug.Log( )方法，直到依次遍历完每一项。下文介绍的面向过程编程其实也是遵循同样的思路，只是在这里会发挥更大的作用。

面向过程编程最常见的用法之一，就是将一个集合中的元素添加到另一个集合中，并常常伴随着对元素的修改。比如，在这里需要引用 patralRoute 父对象下的每个子对象，并将它们储存在一个列表中，此时使用面向过程编程就很合适。

实践——引用巡逻点

对面向过程编程有了基本了解之后，就可以获取 4 个巡逻点的引用并将它们分配到一个可用列表中了。

(1) 在 EnemyBehavior 脚本中添加以下代码：

```
public class EnemyBehavior : MonoBehaviour
{
    // 1
    public Transform patrolRoute;

    // 2
    public List<Transform> locations;

    void Start()
    {
```

```
        // 3
        InitializePatrolRoute();
    }

    // 4
    void InitializePatrolRoute()
    {
        // 5
        foreach(Transform child in patrolRoute)
        {
            // 6
            locations.Add(child);
        }
    }

    void OnTriggerEnter(Collider other)
    {
        // ... No changes needed ...
    }

    void OnTriggerExit(Collider other)
    {
        // ... No changes needed ...
    }
}
```

(2) 选中 **Enemy** 对象，从 **Hierarchy** 面板将 **Patrol Route** 对象拖放到 **Inspector** 面板中 EnemyBehavior 脚本中的 **Patrol Route** 变量上，如图 9-6 所示。

图 9-6

(3) 在 **Inspector** 面板中单击 **Locations** 旁边的箭头图标来展开列表，然后运行游戏查看列表中填充的数据，如图 9-7 所示。

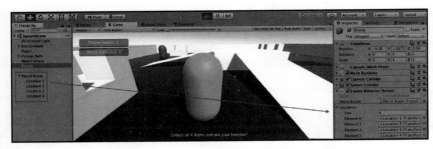

图 9-7

对上述代码的分段解析如下。

(1) 声明一个公共变量，用于存储空的父对象 patralRoute。

(2) 声明一个 List 变量，用于存放 patralRoute 下所有子对象的 **Transform**
组件。

(3) 游戏开始时，在 Start( )方法中调用 InitializePatrolRoute( )方法。

(4) 创建一个私有实用工具方法 InitializePatrolRoute( )，用于将 **Transform**
组件程序化地填入 locations 列表。

● 注意，不加任何访问修饰符的变量和方法都将默认为是私有的。

(5) 使用 foreach 语句循环遍历 PatrolRoute 中的每个子对象，并引用其
Transform 组件。

● 每个 **Transform** 组件都是从 foreach 循环中声明的局部变量 child 中获
取的。

(6) 使用 Add( )方法，随着循环遍历 patrolRoute 中的每个子对象，将
Transform 组件按顺序添加到了 locations 列表中。

● 通过这种方式，无论在 **Hierarchy** 面板中进行怎样的更改，locations 列
表都将始终持有 paratraRoute 下的所有子对象。

虽然也可以通过将每个巡逻点对象直接从 **Hierarchy** 面板拖曳到 **Inspector**
面板中，来将它们添加给 **locations** 列表，但这样对象和列表之间的关联将很容
易丢失或断开。举个例子，如果巡逻点对象发生了名称更改、添加或删除，以
及项目发生了更新，这些情况都可能对类的初始化造成影响。而通过在 Start( )
方法中程序化地填充 GameObject 列表或数组，能让代码具有更高的安全性和

可读性。

提示：
因此，相对于直接将对象拖曳到 **Inspector** 面板中，笔者更倾向通过脚本在 Start( )方法中调用 GetComponent( )方法，来查找和存储特定的组件引用。

下面，需要让 Enemy 对象跟随布置好的巡逻路线行动。

实践——移动敌人

通过在 Start( )方法中初始化巡逻点的列表，我们可以在获取 **Enemy** 对象的 **NavMeshAgent** 组件后，为其设置第一个目的地。

使用以下代码更新 EnemyBehavior 脚本，并单击 **Play** 按钮运行游戏。

```
// 1
using UnityEngine.AI;

public class EnemyBehavior : MonoBehaviour
{
    public Transform patrolRoute;
    public List<Transform> locations;

    // 2
    private int locationIndex = 0;

    // 3
    private NavMeshAgent agent;

    void Start()
    {
        // 4
        agent = GetComponent<NavMeshAgent>();

        InitializePatrolRoute();

        // 5
        MoveToNextPatrolLocation();
    }
```

```
void InitializePatrolRoute()
{
    // ... No changes needed ...
}

void MoveToNextPatrolLocation()
{
    // 6
    agent.destination = locations[locationIndex].position;
}

void OnTriggerEnter(Collider other)
{
    // ... No changes needed ...
}

void OnTriggerExit(Collider other)
{
    // ... No changes needed ...
}
}
```

对上述代码的分段解析如下。

(1) 添加 UnityEngine.AI using 指令，让 EnemyBehavior 脚本可以访问 Unity 中的那些导航类，在本例中，即 **NavMeshAgent** 类。

(2) 声明一个私有变量，用于存储敌人当前正走向哪个巡逻点。由于 locations 列表元素的索引是从 0 开始的，我们可以让 **Enemy** 对象按照存储在 locations 列表中的巡逻点进行顺序移动。

(3) 声明一个私有变量，用于存储附加到 **Enemy** 对象上的 **NavMeshAgent** 组件。变量是私有的，因为其他类都不应该能够访问或修改它。

(4) 使用 GetComponent( )方法查找被附加的 **NavMeshAgent** 组件，并将其返回给 agent 变量。

(5) 在 Start( )方法中，调用 MoveToNextPatrolLocation( )方法。

(6) 声明一个私有MoveToNextPatrolLocation( )方法，并设置agent.destination。

- destination 是 3D 空间中类型为 Vector3 的坐标位置。
- location[locationIndex] 会在 locations 列表中的给定索引位置获取 **Transform** 元素。
- 添加 ".position" 来引用 **Transform** 组件的 Vector3 坐标位置。

当游戏场景启动时，所有巡逻点都会添加到 locations 列表中，并且调用 MoveToNextPatrolLocation( )方法，将 locations 列表中索引为 0(locationIndex 变量值为 0)，即第一个元素所在的位置赋值给 **NavMeshAgent** 组件的 **destination** 属性。

下面，要让敌人对象从第一个巡逻点依次移动到其他三个点。

实践——多点之间持续巡逻

虽然敌人现在可以顺利来到第一个巡逻点，但到达之后就会停下。如果想让敌人在巡逻点之间按照顺序持续移动，需要给脚本中的 Update( )方法和 MoveToNextPatrolLocation( )方法再添加一些逻辑。

将以下代码添加到 EnemyBehavior 脚本，并单击 **Play** 按钮运行游戏。

```
public class EnemyBehavior : MonoBehaviour
{
    // ... No changes needed ...

    void Start()
    {
        // ... No changes needed ...
    }

    void Update()
    {
        // 1
        if(agent.remainingDistance < 0.2f && !agent.pathPending)
        {
            // 2
            MoveToNextPatrolLocation();
        }
    }
```

```
void MoveToNextPatrolLocation()
{
    // 3
    if (locations.Count == 0)
        return;

    agent.destination = locations[locationIndex].position;

    // 4
    locationIndex = (locationIndex + 1) % locations.Count;
}

// ... No other changes needed ...
}
```

对上述代码的分段解析如下。

(1) 在声明的 Update( )方法中添加一条 if 语句,用于检查两个条件是否都能满足。

- remainingDistance 代表 NavMeshAgent 组件当前位置与目标位置 destination 之间的距离。

- pathPending 会根据 Unity 是否正在为 NavMeshAgent 组件计算路线相应返回布尔值 true 或 false。

(2) 如果 agent 非常接近目标位置,且不存在其他正在计算的路线,那么 if 语句将返回 true,并调用 MoveToNextPatrolLocation( )方法。

(3) 添加另一条 if 语句,用于确保在执行 MoveToNextPatrolLocation( )方法中的其余代码时,locations 列表不为空。

- 如果 locations 为空,使用 return 关键字退出方法,不再继续执行。

 注意:

这就是所谓的防御性编程(Defensive Programming),和下文将提到的重构(Refactoring),都是通往 C#中级阶段的必备技能。

(4) 将 locationIndex 设置为其当前值加 1,再与 location.Count 进行取模(%)运算。

- 这会让索引从 0 递增到 3，然后又回到 0 重新开始，这样 Enemy 对象就能沿着既定路线进行周而复始的移动。
- 取模运算符返回两个值相除后的余数。2 除以 4 的余数为 2，所以 2 % 4 = 2。同理，4 除以 4 没有余数，所以 4 % 4 = 0。

提示：

将索引除以集合中元素的个数，是查找下一个元素的快速方法。如果对取模运算符感到生疏，请重温第 2 章。

使用 Update( )方法，将每帧检查一次敌人是否正向其目标巡逻点移动。当敌人接近目标时，会调用 MoveToNextPatrolLocation( )方法，locationIndex 的值就会增加 1，并将下一个巡逻点设置为目标位置。如果将 **Scene** 视图向下拖至 **Console** 面板旁边(如图 9-8 所示)，然后单击 **Play** 按钮，会看到敌人沿着关卡的四个角落循环有序地移动。

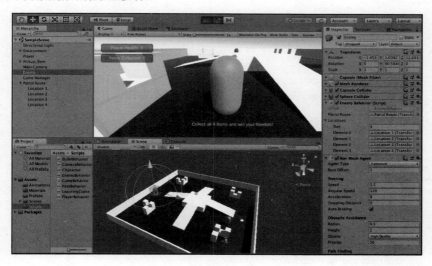

图 9-8

敌人现在已经会如上述般沿着关卡外围持续不断地巡逻了，但还无法向玩家发起进攻。在下一节中，我们将为敌人添加 **NavAgent** 组件来改变这一情况。

9.3　敌人游戏机制

如果敌人只是四处走动，而不攻击玩家，这种没有挑战的游戏会显得很无聊。下面就为敌人添加交互机制。

寻找和销毁

本节将专注于在玩家接近敌人时，切换敌人的**NavMeshAgent**组件的目标，并在当玩家与敌人发生碰撞时造成伤害。在敌人成功损害玩家生命值后，它将返回原来的巡逻路线，直到与玩家下一次相遇。当然，我们也不会让玩家毫无还击之力。我们将通过代码来跟踪敌人的生命值，检测敌人是否被玩家发射的子弹击中，并根据生命值判断是否销毁敌人。

实践——改变代理的目标

现在敌人正在巡逻中，需要获取玩家位置的引用并更改 **NavMeshAgent** 的目标。

将以下代码添加到 EnemyBehavior 脚本，并单击 **Play** 按钮运行游戏：

```
public class EnemyBehavior : MonoBehaviour
{
    // 1
    public Transform player;

    public Transform patrolRoute;
    public List<Transform> locations;

    private int locationIndex = 0;
    private NavMeshAgent agent;

    void Start()
    {
        agent = GetComponent<NavMeshAgent>();

        // 2
```

```
    player = GameObject.Find("Player").transform;

    // ... No other changes needed ...
}

/* ... No changes to Update,
InitializePatrolRoute, or
MoveToNextPatrolLocation ... */

void OnTriggerEnter(Collider other)
{
    if(other.name == "Player")
    {
        // 3
        agent.destination = player.position;

        Debug.Log("Enemy detected!");
    }
}

void OnTriggerExit(Collider other)
{
    // .... No changes needed ...
}
}
```

对上述代码的分段解析如下。

(1) 声明一个公共变量，用来存储 Player 对象的 **Transform** 值。

(2) 使用 GameObject.Find("Player")返回对场景中玩家对象的引用。

● 直接在后面添加“.transform”就可以在一行内引用对象的 **Transform** 值。

(3) 每当玩家进入敌人的攻击范围时，OnTriggerEnter( )方法会被触发，从而将 agent.destination 的值设置为玩家当前的 Vector3 坐标位置。

现在运行游戏，当玩家接近正在巡逻中的敌人时，会看到敌人脱离原来的路线，直奔玩家而来。一旦与玩家碰撞后，Update( )方法中的代码将再次接管，敌人又将恢复之前的巡逻状态。

下面，要让敌人能够真正伤害到玩家。

实践——减少玩家生命值

虽然游戏中的敌人机制已经取得了不少进展，但当敌人与玩家发生碰撞时，却没有任何情况发生。为了解决这个问题，需要将新的敌人机制与游戏管理器绑定在一起。

使用以下代码更新 PlayerBehavior 脚本，并单击 **Play** 按钮运行游戏：

```
public class PlayerBehavior : MonoBehaviour
{
    // ... No changes to public variables needed.. ...

    private float _vInput;
    private float _hInput;
    private Rigidbody _rb;
    private CapsuleCollider _col;

    // 1
    private GameBehavior _gameManager;

    void Start()
    {
        _rb = GetComponent<Rigidbody>();
        _col = GetComponent<CapsuleCollider>();

        // 2
        _gameManager = GameObject.Find("Game
        Manager").GetComponent<GameBehavior>();
    }

    /* ... No changes to Update,
        FixedUpdate, or
        IsGrounded ... */

    // 3
    void OnCollisionEnter(Collision collision)
    {
        // 4
        if(collision.gameObject.name == "Enemy")
        {
```

```
        // 5
        _gameManager.HP -= 1;
    }
  }
}
```

对上述代码的分段解析如下。

(1) 声明一个私有变量，用于存储对场景中 GameBehavior 实例的引用。

(2) 查找并返回场景中名为 Game Manager 的对象上附加的 GameBehavior 脚本。

- 经常在 GameObject.Find( )方法后面直接使用 GetComponent( )方法，这样可以减少不必要的代码行。

(3) 由于 Player 是被碰撞的对象，所以要在 PlayerBehavior 中声明 OnCollisionEnter( )方法。

(4) 检查碰撞对象的名称，如果是 **Enemy** 对象，则执行 if 主体内的语句。

(5) 使用_gameManager 实例将公共变量 HP(生命值)减 1。

每当敌人跟踪玩家并与玩家发生碰撞时，游戏管理器都会通过 HP 变量的 set 属性修改生命值。UI 上显示的生命值也会相应更新，这也为稍后添加玩家在游戏挑战失败情况下的逻辑处理提供了机会。

实践——检测子弹碰撞

现在有了挑战失败的条件，就可以为玩家添加某种反击方式，帮助他们在敌人的攻击中幸存下来。

打开 EnemyBehavior 脚本，按照以下代码对其进行修改。

```
public class EnemyBehavior : MonoBehaviour
{
    public Transform player;
    public Transform patrolRoute;
    public List<Transform> locations;

    private int locationIndex = 0;
    private NavMeshAgent agent;
```

```
// 1
private int _lives = 3;
public int EnemyLives
{
    // 2
    get { return _lives; }

    // 3
    private set
    {
        _lives = value;

        // 4
        if (_lives <= 0)
        {
            Destroy(this.gameObject);
            Debug.Log("Enemy down.");
        }
    }
}

/* ... No changes to Start, Update,
InitializePatrolRoute, MoveToNextPatrolLocation,
OnTriggerEnter, or OnTriggerExit ... */

void OnCollisionEnter(Collision collision)
{
    // 5
    if(collision.gameObject.name == "Bullet(Clone)")
    {
        // 6
        EnemyLives -= 1;
        Debug.Log("Critical hit!");
    }
}
}
```

对上述代码的分段解析如下。

(1) 声明一个名为"_lives"的私有 int 变量和一个名为"EnemyLives"的公共变量。这样就能像在 GameBehavior 脚本中那样，直接控制 EnemyLives 的引用和设置方式。

(2) 将 get 属性设置为始终返回_lives。

(3) 使用一个私有 set 属性将 EnemyLives 的新值赋给_lives，使两者保持同步。

注意：

在此之前还没有出现过私有 get 或 set 属性，但它们也同样可以拥有自己的访问修饰符，就像其他可执行代码一样。将 get 或 set 声明为私有意味着只有在父类中才能访问它们的功能。

(4) 添加一条 if 语句来检查_lives 的值是否小于或等于 0，如果条件成立，意味着敌人死亡。

● 在这种情况下，就可以销毁 Enemy 对象，并向控制台打印出一条信息。

(5) 因为 Enemy 是被子弹碰撞的对象，所以要在 EnemyBehavior 脚本中使用 OnCollisionEnter( )方法来检查这些碰撞。

(6) 如果与敌人发生碰撞的对象与复制得到的子弹对象名称一样，就将 EnemyLives 的值减 1，并向控制台打印出另一条信息。

注意：

尽管子弹的预制件名称为 Bullet，但刚才在检查时使用的名称却是 Bullet (Clone)。这是因为在射击逻辑中，子弹是由 Instantiate( )方法创建的，对于这样创建出来的对象，Unity 都会添加 "(Clone)" 作为后缀。

在这里，其实也可以通过检查 GameObject 的标签(tag)，判断是否应将 EnemyLive 的值减 1，但是标签属于 Unity 特有的功能，所以我们还是选择检查 GameObject 的名称，这样能让我们尽量保持纯 C#的逻辑实现。

现在，当敌人试图攻击玩家，玩家就可以进行反击，通过射中敌人三次击毙敌人。而这里也再一次证明了，使用 get 和 set 属性来处理额外的逻辑是一种具有高灵活度和高可扩展性的解决方案。下面，还需要将游戏失败的条件更新到游戏管理器中。

实践——更新游戏管理器

打开 GameBehavior 脚本，添加以下代码。然后运行游戏，让敌人与玩家碰撞 3 次进行测试。

```csharp
public class GameBehavior : MonoBehaviour
{
    public string labelText = "Collect all 4 items and win your freedom!";
    public int maxItems = 4;
    public bool showWinScreen = false;

    // 1
    public bool showLossScreen = false;

    private int _itemsCollected = 0;
    public int Items
    {
        // ... No changes needed ...
    }

    private int _playerHP = 3;
    public int HP
    {
        get { return _playerHP; }
        set {
            _playerHP = value;

            // 2
            if(_playerHP <= 0)
            {
                labelText = "You want another life with that?";
                showLossScreen = true;
                Time.timeScale = 0;
            }
            else
            {
                labelText = "Ouch... that's got hurt.";
            }
        }
    }
}
```

```
void OnGUI()
{
    // ... No changes needed ...

    // 3
    if(showLossScreen)
    {
        if (GUI.Button(new Rect(Screen.width / 2 - 100,
        Screen.height / 2 - 50, 200, 100), "You lose..."))
        {
            SceneManager.LoadScene(0);
            Time.timeScale = 1.0f;
        }
    }
}
}
```

对上述代码的分段解析如下。

(1) 声明一个公共布尔变量，用于跟踪 GUI 何时需要显示"失败按钮"。

(2) 添加一条 if 语句，用于检查_playerLives 的值是否降至 0 或 0 以下。

● 如果检查结果为 true，更新 labelText、showLossScreen 和 Time.timeScale。

● 如果和敌人碰撞后玩家仍然活着，labelText 会显示另一条信息。

(3) 持续检查 showLossScreen 的值是否为 true，如果为 true，就创建并显示一个与"胜利按钮"大小一样但文本不同的"失败按钮"。

● 当玩家单击"失败按钮"时，关卡将重新开始，并将 timeScale 的值重置为 1，以恢复启用输入和移动功能。

到这里，"智能"敌人已成功添加，它既可以击伤玩家，也能被玩家击伤。此外，还通过游戏管理器添加了"失败界面"。在本章结束之前，还有一个重要话题，那就是如何避免代码重复。代码重复是所有程序员的痛点，所以我们也应该尽早预防，学习如何避免在项目中出现代码重复！

9.4   重构并保持 "DRY"

DRY(Don't Repeat Yourself, 不要重复自己)一词是软件开发人员应该具备的基本理念, 贯彻这种理念有助于在我们做出错误或可能错误的决策前提供警示, 并产生事半功倍的满足感。

在日常编程中, 其实经常会产生重复代码。仅仅依赖事先反复的思虑不可能完全规避代码重复, 反而还会拖累项目进度。一种有效且明智的方法是, 快速识别重复代码发生的时间和地点, 然后采取最佳方法将其移除。这个过程被称为重构(Refactoring)。接下来, 就以 GameBehavior 脚本为例, 展示一下重构的妙用。

实践——创建关卡重启

想要对现有的关卡重启代码进行重构, 可以对 GameBehavior 脚本进行如下更改。

```
public class GameBehavior : MonoBehaviour
{
    // ... No changes needed ...

    // 1
    void RestartLevel()
    {
        SceneManager.LoadScene(0);
        Time.timeScale = 1.0f;
    }

    void OnGUI()
    {
        GUI.Box(new Rect(20, 20, 150, 25), "Player Health: " +
          _playerLives);
        GUI.Box(new Rect(20, 50, 150, 25), "Items Collected: " +
          _itemsCollected);
        GUI.Label(new Rect(Screen.width / 2 - 100, Screen.height -
          50, 300, 50), labelText);
```

```
if (showWinScreen)
{
    if (GUI.Button(new Rect(Screen.width/2 - 100,
    Screen.height/2 - 50, 200, 100), "YOU WON!"))
    {
        // 2
        RestartLevel();
    }
}

if(showLossScreen)
{
    if (GUI.Button(new Rect(Screen.width / 2 - 100,
    Screen.height / 2 - 50, 200, 100), "You lose..."))
    {
        RestartLevel();
    }
}
}
}
```

对上述代码的分段解析如下。

(1) 声明一个名为RestartLevel( )的私有方法,该方法的代码主体与OnGUI( )方法中处理"胜利/失败按钮"的单击事件的代码相同。

(2) 将OnGUI( )方法中有关关卡重启的两处重复代码,都用RestartLevel( )方法替换掉。

如果在代码中仔细查找,会发现还有其他需要重构的地方。下面是一个重构游戏管理器中的赢/输逻辑的可选任务。

勇者的试炼——重构胜负逻辑

具备了重构意识后,可能会注意到:用于更新 labelText、showWinScreen 和 showLossScreen 以及 Time.timeScale 变量的代码在 HP 和 Items 变量的 set 代码块中重复了。可以编写一个私有实用工具方法来执行上述变量的更新,然后将 HP 和 Items 中的重复代码替换掉。

9.5   本章小结

至此,敌人与玩家的互动就完成了。玩家和敌人可以互相造成伤害,同时屏幕上的 GUI 会相应更新。敌人会使用 Unity 的导航系统在竞技场中四处走动,并在玩家一定距离范围内切换到攻击模式。每个 GameObject 只负责自己的行为、内部逻辑和对象碰撞,而游戏管理器则跟踪那些用来控制游戏状态的变量。此外,本章还介绍了比较简单的面向过程编程,并感受了当重复的指令被抽象到方法中时,代码可以变得多么干净。

学到这里,你可能获得了一些成就感。但是,在快速学习一门新的编程语言的同时,制作一款可运行的游戏并不容易。在第 10 章中,将引入 C#中的一些中级主题,包括新的修饰符、方法重载、接口和类的扩展。

9.6   小测验——AI 和导航

1. 如何在 Unity 场景中创建 NavMesh 组件?
2. 什么组件会将 GameObject 标识为 NavMesh?
3. 为一个或多个有序对象执行相同的逻辑时,应该使用哪种编程技术?
4. DRY 代表什么?

再谈类型、方法和类

我们已经使用 Unity 内置类编写了游戏机制与交互，是时候扩展 C#核心知识，并将基础知识付诸应用。本章将再次重新审视几位老朋友：变量、类型、方法和类，讨论它们更深层的应用和案例。本章涵盖的许多主题不适用于 Hero Born 项目，因此本章某些示例是独立的，不能直接应用于游戏原型。

本章涉及大量新知识，如果感到难度太大，可以重温前几章，继续巩固基本知识模块。本章将解构 Unity 特有的游戏机制和功能。

本章重点：

- 中级修饰符
- 方法重载
- out 和 ref 参数
- 接口
- 抽象类和重写
- 类的扩展
- 命名空间冲突
- 类型别名

10.1 再谈访问修饰符

虽然我们已经习惯于将 public 和 private 访问修饰符与变量声明配对使用，但仍有许多修饰符关键字还没有见过。本章无法详细介绍所有的访问修饰符，但将重点介绍其中的五个，以进一步提高对 C#语言的理解和编程技能。

本节将介绍以下列表中的前三个修饰符，而其余两个将在稍后"再谈面向对象编程"部分中讨论：

- const
- readonly
- static
- abstract
- override

 注意：

要查看可用修饰符的完整列表，可访问 https://docs.microsoft.com/en-us/dotnet/csharp/language-reference/keywords/modifiers。

让我们先从前三个访问修饰符开始介绍。

10.1.1 常量和只读属性

有时需要创建可以存储常量或不变值的变量。在变量的访问修饰符之后添加 const 关键字就可以做到这一点，但这种方法仅适用于内置的 C#类型。常量值的一个很好的例子是 GameBehavior 类中的 maxItems 变量：

```
public const int maxItems = 4;
```

但是，常量变量只能在声明时赋值，这意味着 maxItems 不能没有初始值：

```
public readonly int maxItems;
```

使用 readonly 关键字来声明变量，会使其值与常量一样不可修改，但允许随时分配其初始值。

10.1.2 使用 static 关键字

前面介绍过如何基于类的蓝图来创建对象或实例，使用这种方法创建的特定实例将拥有类的所有属性和方法。虽然这对于面向对象的功能非常有用，但并非所有类都需要实例化，也不是所有属性都需要属于特定实例。使用 static 关键字创建的静态类是密封的，这意味着它们不能用于类继承。

Utility 类方法是这种情况的一个很好的例子，我们不必关心实例化特定的 Utility 类实例，因为它的所有方法都不会依赖于特定的对象。接下来尝试在新脚本中创建这样一个 Utility 方法。

实践——创建一个静态类

创建一个新类来保存一些方法，这些方法用于处理基本计算或那些不依赖于游戏玩法的重复逻辑。

(1) 在 **Scripts** 文件夹中创建一个新的 C#脚本，并将其命名为 Utilities。

(2) 打开 Utilities 脚本并添加以下代码。

```
using System.Collections;
using System.Collections.Generic;
using UnityEngine;

// 1
using UnityEngine.SceneManagement;

// 2
public static class Utilities
{
 // 3
 public static int playerDeaths = 0;

 // 4
 public static void RestartLevel()
 {
     SceneManager.LoadScene(0);
     Time.timeScale = 1.0f;
 }
```

```
}
```

(3) 从 GameBehavior 脚本中删除 RestartLevel( )方法, 并参照以下代码修改
OnGUI( )方法:

```
void OnGUI()
{
    // ... No other changes needed ...

    if (showWinScreen)
    {
        if (GUI.Button(new Rect(Screen.width/2 - 100,
        Screen.height/2 - 50, 200, 100), "YOU WON!"))
        {
            // 5
            Utilities.RestartLevel();
        }
    }

    if(showLossScreen)
    {
        if (GUI.Button(new Rect(Screen.width / 2 - 100,
        Screen.height / 2 - 50, 200, 100), "You lose..."))
        {
            Utilities.RestartLevel();
        }
    }
}
```

对上述代码的解析如下。

(1) 首先, 引入 SceneManagement 命名空间以便能访问 LoadScene( )方法。

(2) 声明公共静态类 Utilities。由于它不需要出现在游戏场景中, 因此不需
要继承 MonoBehavior。

(3) 创建一个公共静态变量来保存玩家死亡次数并重新启动游戏。

(4) 声明一个公共静态方法来存放关卡的重启逻辑, 该方法目前被硬编码
在 GameBehavior 中。

(5) 当按下胜利或失败的 GUI 按钮时, 都会从静态 Utilities 类调用

RestartLevel( )方法。注意，我们不需要实例化 Utilities 类来调用该方法，因为它是静态的，所以直接使用点表示法即可。

我们现在已经从 GameBehavior 中提取了重启逻辑并将其放入一个静态类中，这使其在代码库中更易于重复使用。将 Utilities 类标记为静态还可以保证，在使用其类成员之前永远不必创建或管理 Utilities 类的实例。

注意：
非静态类可以同时具有静态和非静态的属性和方法。但是，如果一个类被标记为静态，则其所有属性和方法也必须是静态的。

至此，对变量和类型的回顾告一段落，意味着是时候继续讨论方法及其内在能力，其中包括方法重载以及 ref 和 out 参数。

10.2 再谈方法

自从在第 3 章中学会如何在代码中使用方法以来，方法便一直是代码的重要组成部分。但仍有两个中级用例还没有涉及，那就是方法重载以及如何使用 ref 和 out 参数关键字。

10.2.1 方法重载

方法重载是指在一个类中创建多个名称相同但方法签名不同的方法。方法签名由其名称和参数组成，C#编译器通过方法签名识别方法。以下面的方法为例：

```
public bool AttackEnemy(int damage) {}
```

AttackEnemy( )方法的方法签名如下：

```
AttackEnemy(int)
```

当知道了 AttackEnemy( )方法的签名后，便可以在保持方法名不变的情况下，通过更改参数数量或参数类型重载该方法。当需要为给定操作提供多种选项时，方法重载提供了额外的灵活性。

　　作为示例，GameBehavior 脚本中的 RestartLevel( )方法是尝试重载方法的一个好的选择。目前，RestartLevel( )方法只能重新启动当前场景，但是随着游戏扩展并包含多个场景时，该怎么做呢？此时便可以重构 RestartLevel( )方法来接受多个参数，但这样做也可能会导致代码臃肿且混乱。

　　接下来就将重载 RestartLevel( )方法，以接受不同的参数。

实践——重载关卡重启

按如下步骤为 RestartLevel( )方法添加一个重载版本。

(1) 打开 Utilities 脚本并添加以下代码。

```
public static class Utilities
{
  public static int playerDeaths = 0;

  public static void RestartLevel()
  {
    SceneManager.LoadScene(0);
    Time.timeScale = 1.0f;
  }

  // 1
  public static bool RestartLevel(int sceneIndex)
  {
    // 2
    SceneManager.LoadScene(sceneIndex);
    Time.timeScale = 1.0f;

    // 3
    return true;
  }
}
```

(2) 打开 GameBehavior 类，并对 OnGUI( )方法中对 Utilities.RestartLevel( )方法的调用进行如下更新。

```
if (showWinScreen)
```

```
{
    if (GUI.Button(new Rect(Screen.width/2 - 100,
        Screen.height/2 - 50, 200, 100), "YOU WON!"))
    {
        // 4
        Utilities.RestartLevel(0);
    }
}
```

对上述代码的解析如下。

(1) 首先，声明了一个 RestartLevel( )方法的重载版本，该方法接受一个 int 参数并返回一个 bool 值。

(2) 然后，重载版本会调用 LoadScene( )方法并传入 sceneIndex 参数，而不是将该值手动地硬编码在方法内部。

(3) 接下来，在加载新场景并重置 timeScale 属性后返回 true。

(4) 最后，在按下"获胜按钮"时，调用重载的 RestartLevel( )方法并传入参数为 0 的场景索引。Visual Studio 将自动检测和识别重载方法，并以如图 10-1 所示的方式将编号显示出来。

```
if (showWinScreen)
{
    if (GUI.Button(new Rect(Screen.width/2 - 100, Screen.height/2 - 50, 200, 100), "YOU WON!"))
    {
        Utilities.RestartLevel(|)
    }
}
        bool Utilities.RestartLevel(int sceneIndex)    ▲ 2 of 2 ▼
```

图 10-1

注意:
方法重载不限于静态方法，只要方法签名与原始方法不同，任何方法都可以重载。

RestartLevel( )方法的功能现在变得更易定制化，可以考虑后续可能需要的其他情况了。

10.2.2　ref 参数

在第 5 章学到类和结构体时，我们了解到并非所有对象都以相同的方式传递。例如：值类型通过复制传递，而引用类型通过引用传递。然而，当时没有讨论当对象或值作为参数传递到方法中时，传递是如何进行的。

默认情况下，所有参数都是按值类型传递的，这意味着大多数情况下传递给方法的变量不会受到方法体内对其值所做的任何更改的影响。但在某些情况下，我们希望通过引用的方式传递方法参数，而在声明参数时使用 ref 或 out 关键字作为前缀会将该参数标记为引用类型。

以下是使用 ref 关键字时要记住的几个关键点。

- 参数必须在传递给方法之前进行初始化。
- 在结束方法之前，不需要对引用类型的参数值进行初始化或赋值。
- 带有 get 或 set 访问器的属性不能用作 ref 或 out 参数。

下面通过添加一些逻辑来跟踪玩家重新启动游戏的次数。

实践——跟踪玩家重启次数

创建一个方法来更新 playerDeaths，通过它来观察在实际中，方法参数是如何通过引用类型的方式传递的。

打开 Utilities 脚本并添加以下代码。

```
public static class Utilities
{
  public static int playerDeaths = 0;

  // 1
  public static string UpdateDeathCount(ref int countReference)
  {
    // 2
    countReference += 1;
    return "Next time you'll be at number " + countReference;
  }

  public static void RestartLevel()
  {
    SceneManager.LoadScene(0);
    Time.timeScale = 1.0f;
```

```
// 3
Debug.Log("Player deaths: " + playerDeaths);
string message = UpdateDeathCount(ref playerDeaths);
Debug.Log("Player deaths: " + playerDeaths);
    }

    public static bool RestartLevel(int sceneIndex)
    {
        // ... No changes needed ...
    }
}
```

对上述代码的解析如下。

(1) 首先，声明一个新的静态方法，该方法返回一个字符串并接受一个通过引用方式传递的 int 参数。

(2) 然后，直接将引用参数的值增加 1，并返回一个包含新值的字符串。

(3) 最后，在 RestartLevel( )方法中，在通过引用方式将 playerDeaths 变量传递给 UpdateDeathCount( )方法的前后，调试输出 playerDeaths 变量。

如果游戏失败，调试日志将显示 UpdateDeathCount( )中的 playerDeaths 增加了 1，因为它是通过引用方式而不是通过值的方式传递的，如图 10-2 所示。

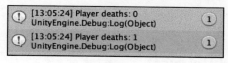

图 10-2

现在我们了解了如何在项目中使用 ref 参数，接下来看看 out 参数以及如何应用它以满足与 ref 略有不同的情形。

提示：

为了举例和演示，我们对这种情况使用了 ref 关键字，但当然也可以直接在 UpdateDeathCount( )中更新 playerDeaths 或在 RestartLevel( )中添加逻辑，以便仅在游戏失败需要重启时触发 UpdateDeathCount( )方法。

10.2.3   out 参数

out 关键字的作用与 ref 相同，但使用规则不同。

- 参数在传递给方法之前不需要初始化。
- 引用的参数在方法返回之前，必须在调用方法中初始化或赋值。

例如，可以在 UpdateDeathCount( )方法中用 out 关键字替换 ref 关键字，只需在方法返回之前为 countReference 参数初始化或赋值即可：

```
public static string UpdateDeathCount(out int countReference)
{
    countReference = 1;
    return "Next time you'll be at number " + countReference;
}
```

使用 out 关键字的方法更适合需要从单个函数返回多个值的情况，而 ref 关键字在只需要修改引用值时效果最佳。

掌握了这些方法的新特性，是时候重新审视面向对象编程这一重要内容了。这个主题所涉及的内容太多，一两个章节不可能涵盖全部内容。但作为使用工具，其中有一些关键点应尽早在开发中派上用场。本书中部分主题建议在完成本书学习后继续保持关注，面向对象编程便是其中之一。

10.3   再谈面向对象

面向对象的思维方式对于创建有意义的应用程序和理解 C#语言的工作原理至关重要。棘手的是，当涉及面向对象编程和设计对象时，类和结构体本身并不是代码的全部。尽管我们始终将它们视为构建代码的基石，但类被限制于仅能单例继承，意味着它们只能有一个父类或超类，而结构体根本不能继承。因此，现在要探寻的问题变成了：应该如何从相同的蓝图创建对象，并让它们根据特定情形执行不同的操作？

10.3.1　接口

接口是一种可以将功能组聚集在一起的方法。与类相同，接口是数据和行为的蓝图，但它们有一个重要的区别：接口不能有任何实际的实现逻辑或存储值。相反，接口需要由类或结构体来填充自身定义的值和方法。接口的重要价值在于：类和结构体都可以使用接口，并且单个对象可以使用接口的数量没有上限。

例如，如果希望敌人能够在距离玩家较近时进行射击，该怎么做？此时，可以创建一个玩家和敌人都可以从中派生的父类，这将使他们都基于相同的蓝图。然而，这种方法的问题在于，敌人和玩家不一定会共享相同的行为和数据。处理这个问题更有效的方法是定义一个带有蓝图的接口，并在蓝图中规划好当有可射击对象时需要采取的行动，然后让敌人和玩家都去实现这个接口。这样便可以保证玩家和敌人能够在自由分离的同时，还可以共享一些相同的功能。

实践——创建管理器接口

将射击机制重构为接口是留给读者的挑战，但在此之前，仍需要知道如何在代码中创建和实现接口。作为示例，我们将创建一个接口，并假设所有管理器脚本都需要实现该接口以共享相同的结构。

在 **Scripts** 文件夹中新建一个 C#脚本，命名为 **IManager**，并更新如下代码。

```
using System.Collections;
using System.Collections.Generic;
using UnityEngine;

// 1
public interface IManager
{
  // 2
  string State { get; set; }

  // 3
  void Initialize();
}
```

对上述代码的解析如下。

(1) 首先，使用 interface 关键字声明一个名为 IManager 的公共接口。

(2) 然后，向 IManager 添加一个名为 State 的字符串变量，并令其使用 get 和 set 访问器以保存实现类的当前状态。

注意：

接口的所有属性都需要至少一个 get 访问器才能通过编译，但根据需要，也可以同时拥有 get 和 set 访问器。

(3) 最后，定义一个名为 Initialize( )的方法，该方法没有返回类型供实现类去实现。

下一个任务便是使用 IManager 接口，这意味着它需要被另一个类实现。

实践——实现接口

为简单起见，让游戏管理器使用新接口并实现其蓝图。

使用以下代码更新 GameBehavior。

```
// 1
public class GameBehavior : MonoBehaviour, IManager
{
    // 2
    private string _state;

    // 3
    public string State
    {
        get { return _state; }
        set { _state = value; }
    }

    // ... No other changes needed ...

    // 4
    void Start()
    {
        Initialize();
    }
```

```
// 5
public void Initialize()
{
    _state = "Manager initialized..";
    Debug.Log(_state);
}

void OnGUI()
{
    // ... No changes needed ...
}
}
```

对上述代码的解析如下。

(1) 使用逗号及其名称声明 GameBehavior 实现 IManager 接口，就像子类化一样。

(2) 添加一个私有变量，用于支持从 Imanager 接口实现的公共变量 State。

(3) 添加一个在 IManager 接口中已经声明的公共 State 变量，并使用_state 作为其私有支持变量。

(4) 声明 Start( )方法并调用 Initialize( )方法。

(5) 声明在 IManager 中已经声明的 Initialize( )方法，该方法具有设置和打印公共状态变量的功能。

这样便指定了 GameBehavior 使用 IManager 接口，并实现其 State 和 Initialize( ) 成员，如图 10-3 所示。

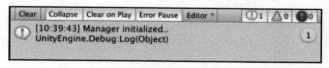

图 10-3

这之中重要的意义在于，该实现是特定于 GameBehavior 的，如果另外还有一个管理类，也可以实现同样的事情，只是逻辑不同而已。这为构建类打开了一个全新的世界，其中就包含了抽象类。

10.3.2　抽象类

　　另一种在对象之间实现分离并共享通用蓝图的方法是使用抽象类。与接口一样，抽象类中的方法不能包含任何实现逻辑，但是，抽象类可以存储变量值。任何从抽象类派生出的子类都必须完全实现所有用 abstract 关键字标记的变量和方法。当想使用类继承，而不需要写出基类默认实现的情况下，抽象类的方式特别有用。

　　例如，使用如下代码将前面写的 IManager 接口及其功能转换为抽象基类。

```
// 1
public abstract class BaseManager
{
  // 2
   protected string _state;
   public abstract string state { get; set; }

  // 3
   public abstract void Initialize();
}
```

对上述代码的解析如下。

(1) 使用 abstract 关键字声明一个名为 BaseManager 的抽象类。

(2) 创建两个变量。

● 一个名为_state 的受保护字符串，只能由继承自 BaseManager 的类访问；

● 一个用 abstract 关键字修饰，名为 state 的字符串，并带有要由子类实现的 get 和 set 访问器。

(3) 最后，添加 Initialize( )作为抽象方法，也需要在子类中实现。

　　在此设置中，BaseManager 抽象类与 IManager 接口具有相同的蓝图，允许任何子类使用 override 关键字定义它们的 state 和 Initialize( )实现，具体代码如下所示。

```
// 1
public class CombatManager: BaseManager
{
  // 2
```

```
public override string state
{
  get { return _state; }
  set { _state = value; }
}

// 3
public override void Initialize()
{
  _state = "Manager initialized..";
  Debug.Log(_state);
}
}
```

对上述代码进行分段解释如下。

(1) 声明一个名为 CombatManager 的新类，该类继承自 BaseManager 抽象类。

(2) 使用 override 关键字实现 BaseManager 抽象类中的 state 变量。

(3) 再次使用override 关键字实现BaseManager 抽象类中的Initialize( )方法，并设置受保护的_state 变量。

以上内容只是有关接口和抽象类的冰山一角，但应学会在编程中灵活运用它们以创造更多的可能性。接口将允许在不相关的对象之间扩散和分享各种功能，从而可以在代码中像乐高积木般堆叠它们。

另一方面，抽象类将保持面向对象编程的单继承结构，同时将类的实现与其蓝图分离。这些方式甚至可以混合搭配使用，比如，抽象类可以像非抽象类一样实现接口。

注意：
按照惯例，对于复杂的主题，应首先查看技术文档：
https://docs.microsoft.com/en-us/dotnet/csharp/language-reference/keywords/
abstract 和 https://docs.microsoft.com/en-us/dotnet/csharp/language-reference/
keywords/interface。

通常，并不总需要从头开始构建一个新类。有时，只需要将想要的功能或逻辑添加到现有类中，这种方式称为类的扩展。

10.3.3　类的扩展

　　暂不说自定义对象，先谈谈如何扩展现有内置类以使它们满足我们的需求。类扩展背后的思想很简单：针对现有的 C#内置类，按需添加任何希望它们具有的功能。由于无法访问构建 C#的底层代码，因此这是从 C#语言已有的对象中获得自定义行为的唯一途径。

　　类的修改只能用方法来实现，不允许使用变量或其他实体。尽管这存在很大的局限性，但它能使语法保持一致：

```
public static returnType MethodName(this ExtendingClass localVal) {}
```

　　扩展方法在声明时使用的语法与普通方法相同，但有几点需要额外注意。
- 所有扩展方法都需要标记为静态。
- 第一个参数必须使用 this 关键字，后跟要扩展的类名和一个局部变量名。
  - 这个特殊参数让编译器将方法识别为扩展，并为现有类提供本地引用。
  - 可以通过这个局部变量访问任何类的方法和属性。
  - 通常在静态类中存储扩展方法，而该静态类又存储在其命名空间中。这允许控制可以访问自定义功能的脚本。

下一个任务是通过向 C#内置的 String 类添加新方法来实现类扩展。

实践——扩展 string 类

通过在 String 类中添加自定义方法来实现类的扩展。

在 Scripts 文件夹中创建一个新的 C#脚本，将其命名为 CustomExtensions，并添加以下代码。

```
using System.Collections;
using System.Collections.Generic;
using UnityEngine;

// 1
namespace CustomExtensions
{
  // 2
  public static class StringExtensions
```

```
  {
    // 3
    public static void FancyDebug(this string str)
    {
      // 4
      Debug.LogFormat("This string contains {0} characters.",
        str.Length);
    }
  }
}
```

对于上述代码的解析如下。

(1) 声明一个名为 CustomExtensions 的命名空间来保存所有扩展类和方法。

(2) 为了便于组织和管理，声明一个名为 StringExtensions 的静态类。每组类的扩展都应遵循此设置。

(3) 向 StringExtensions 类添加一个名为 FancyDebug 的静态方法。

● 第一个参数，this string str，确保该方法标记为扩展。

● str 参数将保存在调用 FancyDebug( )方法时对实际文本值的引用。可以在方法体内部将 str 视为所有字符串的替代并对其进行操作。

(4) 每当执行 FancyDebug 时，都会打印出一条调试消息，可使用 str.Length 引用调用该方法的字符串变量。

现在该扩展成为 String 类的一部分，来测试一下。

实践——使用扩展方法

要使用新的自定义 string 方法，需要将它包含在任何想要对其进行访问的类中。

打开 GameBehavior，并使用以下代码更新类。

```
using System.Collections;
using System.Collections.Generic;
using UnityEngine;

// 1
using CustomExtensions;
```

```
public class GameBehavior : MonoBehaviour, IManager
{
  // ... No changes needed ...

  void Start()
  {
    // ... No changes needed ...
  }

  public void Initialize()
  {
    _state = "Manager initialized..";

    // 2
    _state.FancyDebug();

    Debug.Log(_state);
  }

  void OnGUI()
  {
    // ... No changes needed ...
  }
}
```

对上述代码的解析如下。

(1) 在文件顶部使用 using 指令添加 CustomExtensions 命名空间。

(2) 在 Initialize( )方法中，通过点表示法，对_state 字符串变量调用 FancyDebug( )方法，打印出_state 变量所含的字符个数。

使用 FancyDebug( )扩展整个 string 类，意味着任何字符串变量都可以访问该方法。由于扩展方法的第一个参数保持对调用 FancyDebug( )的任何字符串值的引用，因此字符串的长度被正确地打印出来，如图 10-4 所示。

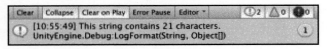

图 10-4

注意:
自定义类也可以使用相同的语法进行扩展,但更常见的做法是直接向类中添加额外的功能。

本章探讨的最后一个主题是命名空间。之前,我们曾简要介绍过这一主题,在下一节中,将继续了解命名空间在 C#中起到的重要作用以及如何创建类型别名。

10.4 再谈命名空间

随着应用程序变得越来越复杂,通常会将代码划分到不同的命名空间,以确保可以随时随地地访问和控制代码。除此以外,还可以使用第三方软件工具和插件来节省开发时间,不需要从头开始,而是直接利用他人提供的可用功能。这两种情况都标志着编程能力的提高,但也可能导致命名空间的冲突。

当有两个及以上的类或类型具有相同名称时,就会发生命名空间冲突,这种情况的发生比想象中要多得多。即便保持良好的命名习惯往往也不可避免错误的发生,而此时 Visual Studio 便会抛出错误提示。幸运的是,C#对这种情况提供了一种简单的解决方案:类型别名。

类型别名

定义类型别名允许在给定的类中明确选择要使用哪一个冲突类型,或者为冗长的现有类型创建一个对用户更友好的名称。定义类型别名要使用 using 指令在类文件的顶部添加类型别名,后跟别名和分配的类型:

```
using aliasName = type;
```

例如,如果想创建一个类型别名来引用现有的 Int64 类型,可以编写如下代码:

```
using CustomInt = System.Int64;
```

现在 CustomInt 是 System.Int64 类型的类型别名,编译器会将其视为 Int64,因此可以像使用任何其他类型一样使用它:

```
public CustomInt playerHealth = 100;
```

可以对自定义类型或具有相同语法的现有类型使用类型别名,只要使用 using 指令在脚本文件的顶部声明它们即可。

10.5　本章小结

掌握了新的修饰符、方法重载、类的扩展和面向对象的技能,我们距离 C# 旅程的终点就只有一步之遥了。请记住,这些中级知识点旨在激发对于更复杂应用的思考,不要把在本章所学视为相关概念的全部。请以它们为起点,继续学习下去。

在第 11 章中,我们将讨论泛型编程的基础知识,获得一些有关委托和事件的实践经验,并简要了解如何进行异常处理。

10.6　小测验——升级

1. 哪个关键字可以将变量标记为不可修改?
2. 如何创建基本方法的重载版本?
3. 类和接口之间的主要区别是什么?
4. 如何解决类中的命名空间冲突?

第 *11* 章

栈、队列和 HashSet

在第 10 章中，我们重新审视了变量、类型和类，在本书先前介绍的基本功能外，进一步了解了它们提供的更深层功能。在本章中，我们将继续学习一些新的集合类型并了解它们的中级功能。

本章中的每个新集合类型都有特定的用途。对于大多数需要数据集合的场合，列表或数组就足以满足需求。然而，当需要临时存储或控制集合元素的顺序，或者更具体地说，需要访问它们的顺序时，建议使用栈和队列。当需要执行的操作依赖于集合中每个唯一的元素时(意味着不重复)，建议使用 HashSet (哈希集)。请记住，成为一名优秀的程序员不需要背诵代码，而应能应对不同的工作选择正确的工具。

本章重点：

- 栈
- 查看栈顶和出栈
- 一些常用的方法
- 使用队列
- 添加、删除和查看元素
- 使用 HashSet
- 执行集合运算

11.1　栈

在最基本的层面上，栈是具有相同指定类型的元素的集合。栈的长度可以根据栈内持有的元素数量而改变。栈与列表或数组之间的重要区别在于元素的存储方式。栈遵循后进先出(LIFO)模型，也就是说，栈中的最后一个元素是第一个可访问的元素。当想以反序访问元素时，栈是一个实用的选择。值得注意的是，栈可以存储空值和重复值。

注意:
本章中的所有集合类型都是 System.Collections.Generic 命名空间的一部分，这意味着在使用它们前需要将以下代码添加到文件的顶部:

```
using System.Collections.Generic;
```

接下来看一下声明栈的基本语法。

11.1.1　基本语法

栈的变量声明需要满足以下要求。

- Stack 关键字，后接用一对左右箭头符号包括起来的元素类型，以及唯一的命名。
- 使用 new 关键字初始化内存中的栈，后跟 Stack 关键字和用一对左右箭头符号包括起来的元素类型。
- 一对括号并以分号结尾。

在蓝图形式中，语法表示如下方所示:

```
Stack<elementType> name = new Stack<elementType>();
```

与过去用过的其他集合类型不同，栈在创建时无法使用元素进行初始化。

注意:
C#支持栈类型的非泛型版本，意味着不需要定义栈中元素的类型:

```
Stack myStack = new Stack();
```

然而，与前面的通用版本相比，此方式更不安全且成本更高。可以通过链接 https://github.com/dotnet/platform-compat/blob/master/docs/DE0006.md 阅读 Microsoft 推荐的更多相关信息。

下面通过实践来体验如何创建栈并使用其类方法。

实践——存储收集的道具

为了测试这一点，将对 Hero Born 项目中现有的道具收集逻辑进行修改，使用栈来存储可以收集的战利品。

(1) 打开 GameBehavior.cs 脚本并添加一个名为 lootStack 的栈变量：

```
// 1
public Stack<string> lootStack = new Stack<string>();
```

(2) 使用以下代码更新 Initialize ( )方法，实现向栈添加新道具：

```
public void Initialize()
{
    _state = "Manager initialized..";
    _state.FanceyDebug();
    Debug.Log(_state);

    // 2
    lootStack.Push("Sword of Doom");
    lootStack.Push("HP+");
    lootStack.Push("Golden Key");
    lootStack.Push("Winged Boot");
    lootStack.Push("Mythril Bracers");
}
```

(3) 在脚本底部添加一个新方法来打印栈信息：

```
// 3
public void PrintLootReport()
{
    Debug.LogFormat("There are {0} random loot items waiting for
    you!", lootStack.Count);
}
```

(4) 打开ItemBehavior.cs 脚本并从gameManager实例中调用PrintLootReport( )
方法:

```
void OnCollisionEnter(Collision collision)
{
    if(collision.gameObject.name == "Player")
    {
        Destroy(this.transform.parent.gameObject);
        Debug.Log("Item collected!");
    }

    gameManager.Items += 1;
    // 4
    gameManager.PrintLootReport();
}
```

对上述代码进行分段解析。

(1) 使用字符串类型的元素创建一个空栈。

(2) 使用 Push( )方法将字符串元素添加到栈中,每次都将增加栈的大小。

(3) 每当调用方法时打印出栈内元素计数。

(4) 每次玩家收集道具时调用 PrintLootReport( )方法。打印调试结果如图
11-1 所示。

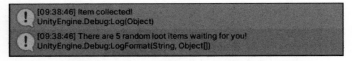

图 11-1

既然已有了可用的栈,就可以尝试使用栈类的 Pop( )和 Peek( )方法来访问
道具。

11.1.2   出栈和查看栈顶

我们已了解了栈如何使用“LIFO”方式存储元素。现在,一起来看看对于
陌生的集合类型,如何通过出栈(Pop)和查看栈顶(Peek)来访问其元素:

- Peek( )方法将返回栈内的下一个元素(即栈顶元素)而不删除它,允许我们"窥视(peek)"它而不更改任何内容。
- Pop( )方法将返回并移除栈中的下一个项目(栈顶),本质上是将其"弹出(pop)"并交付出来。

这两种方法既可以单独使用,也可以结合使用,具体取决于实际需要。在下一节中,将对这两种方法进行实践。

实践——收集到的最后一个道具

接下来的任务是获得添加到lootStack栈的最后一个道具。在之前的示例中,最后一个元素是在 Initialize( )方法中通过编程的方式确定的,但不难想到,也可以通过随机或根据某个参数的方式添加元素。无论哪种方式,都需要使用以下代码更新 PrintLootReport( )方法:

```
public void PrintLootReport()
{
  // 1
  var currentItem = lootStack.Pop()

  // 2
  var nextItem = lootStack.Peek()

  // 3
  Debug.LogFormat("You got a {0}! You've got a good chance of finding
    a {1} next!", currentItem, nextItem);

  Debug.LogFormat("There are {0} random loot items waiting for you!",
    lootStack.Count);
}
```

对上述代码分段解析如下。

(1) 在 lootStack 栈上调用 Pop( )方法,移除栈顶的道具并将它存储起来。

(2) 在 lootStack 栈上调用 Peek( )方法,存储栈顶的下一项道具且将其留在栈中而不删除它。

(3) 添加新的调试日志以打印出"弹出"的道具和栈中的下一个道具。

如图 11-2 所示，可以从控制台看到，添加到栈中的最后一个项目 Mythril Bracers 首先被"弹出"，下一项道具 Winged Boots 被"查看"但没有被移除。还可以看到 lootStack 剩余 4 个可以访问的元素。

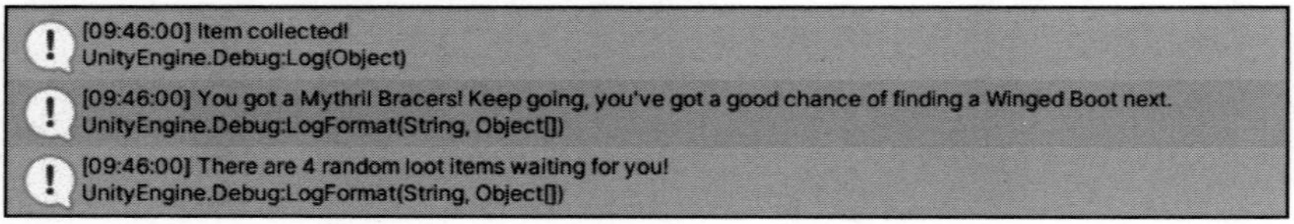

图 11-2

我们已知道如何从栈中创建、添加和查询元素，下面继续学习一些可以通过栈类访问的常用方法。

11.1.3   常用方法

首先，可以使用 Clear( )方法清空或删除栈的全部内容：

```
// Empty the stack and reverting the count to 0
lootStack.Clear()
```

如果想知道某个元素是否存在于栈中，可以使用 Contains( )方法指定要查找的元素：

```
// Returns true for "Golden Key" item
var itemFound = lootStack.Contains("Golden Key");
```

如果需要将栈中的元素复制到数组，CopyTo( )方法将允许指定复制到目标数组的元素的起始索引位置：

```
// Copies loot stack items to an existing array starting at the 0 index
string[] copiedLoot = new string[lootStack.Count];
numbers.CopyTo(copiedLoot, 0);
```

如果需要将栈转换为数组，只需使用 ToArray( )方法。此转换将创建一个新数组，与 CopyTo( )方法不同，后者是将栈元素复制到某一现有数组。

如果需要，还可以使用 ToString( )方法将栈转换为字符串：

```
// Copies an existing stack to a new array
lootStack.ToArray();

// Returns a string representing the stack object
lootStack.ToString();
```

出于对好的编程习惯的重视，在出栈或查看栈顶之前，应该预先检查栈中是否还存在下一元素。栈类中有两种方法适用于该情形，分别是 TryPeek( )和 TryPop( )：

```
// The item will NOT be removed from the stack.
bool itemPresent = lootStack.TryPeek(out lootItem);
if(itemPresent)
    Debug.Log(lootItem);
else
    Debug.Log("Stack is empty.");

// The item WILL be removed from the stack
bool itemPresent = lootStack.TryPop(out lootItem);
if(itemPresent)
    Debug.Log(lootItem);
else
    Debug.LogFormat("Stack is empty.");
```

以上两种方法都将根据栈顶对象的存在情况返回真值或假值。如果存在对象，它将被复制到输出结果参数，且方法返回 true。如果栈为空，则输出结果将默认为其初始值，且方法将返回 false。

 提示：

有关栈方法的完整列表，可查看 C#文档：https://docs.microsoft.com/en-us/dotnet/api/system.collections.generic.stack-1?view=netcore-3.1。

对栈的介绍到此结束，下一节中将介绍队列。

11.2 队列

与栈一样,队列是相同类型的元素或对象的集合。队列的长度也是可变的,这意味着它的大小随着元素的添加或删除而变化。但是,队列遵循先进先出(first-in-first-out,FIFO)模型,即队列中的第一个元素也是第一个可访问的元素。值得注意的是,队列可以存储空值和重复值,但不能在创建时使用元素进行初始化。

11.2.1 基本语法

队列变量声明需要满足以下要求。
- Queue 关键字,被一对左右箭头符号包括起来的元素类型,以及唯一的名称。
- new 关键字,用于在内存中初始化队列,后跟 Queue 关键字和被一对左右箭头符号包括起来的元素类型。
- 一对括号并以分号结尾。

在蓝图形式中,队列声明如下所示:

```
Queue<elementType> name = new Queue<elementType>();
```

注意:
C#支持队列类型的非泛型版本,即不需要定义存储的元素类型:

```
Queue myQueue = new Queue();
```

然而,与前面的通用版本相比,此方式更不安全且成本更高。可参阅 Microsoft 推荐的更多相关信息:
https://github.com/dotnet/platform-compat/blob/master/docs/DE0006.md。

空的队列本身并没什么用,我们希望能够在需要时添加、删除和查看其元素,这是下一节的主题。

11.2.2 添加、删除和查看

其实，前面部分中的 lootStack 变量很容易改为一个队列。但为了提高效率，本书将在游戏脚本中保留以上代码。但是，非常建议在读者自己的代码中随意探索这些类的异同。

要创建字符串元素队列，请使用以下方式：

```
// Creates a new Queue of string values.
Queue<string> activePlayers = new Queue<string>();
```

要将元素添加到队列，可以对要添加的元素调用 Enqueue( )方法：

```
// Adds string values to the end of the Queue.
activePlayers.Enqueue("Harrison");
activePlayers.Enqueue("Alex");
activePlayers.Enqueue("Haley");
```

要查看队列中的第一个元素而不删除它，可以使用 Peek( )方法：

```
// Returns the first element in the Queue without removing it.
var firstPlayer = activePlayers.Peek();
```

要返回并移除队列中的第一个元素，可以使用 Dequeue( )方法：

```
// Returns and removes the first element in the Queue.
var firstPlayer = activePlayers.Dequeue();
```

现在我们已经知道如何使用队列的基本功能，接下来便可以探索队列类提供的中级和更高级的方法。

11.2.3 常用方法

队列和栈共享几乎完全相同的特性，因此不再赘述。可以通过链接 https://docs.microsoft.com/en-us/dotnet/api/system.collections.generic.queue-1?view= netcore-3.1 在 C#文档中找到完整的方法和属性列表。

在结束本章之前，再看一下 HashSet 集合类型以及为其特别适配的数学运算。

11.3　使用 HashSet

　　在本章中介绍的最后一个集合类型是 HashSet。这个集合与之前遇到的任何其他集合类型都非常不同：它不能存储重复值并且没有顺序，这意味着它的元素不以任何方式排序。可以将 HashSet 视为只有键而不是键值对的字典。它们可以极快地执行集合运算和元素查找，本节末尾将进一步进行介绍。同时，HashSet 极适合用于最优先考虑元素顺序和唯一性的情况。

11.3.1　基本语法

　　HashSet 变量声明需要满足以下要求：
- HashSet 关键字，紧跟用一对左右箭头字符包括起来的元素类型，以及唯一名称。
- new 关键字，用于在内存中进行初始化，后跟 HashSet 关键字和用左右箭头符号包括的元素类型。
- 一对括号并以分号结束。

在蓝图形式中，它如下所示：

```
HashSet<elementType> name = new HashSet<elementType>();
```

与栈和队列不同，可以在声明变量时使用默认值初始化 HashSet：

```
HashSet<string> people = new HashSet<string>();
// OR
HashSet<string> people = new HashSet<string>() { "Joe", "Joan", "Hank"};
```

要添加元素，可以使用 Add( )方法并指定新元素：

```
people.Add("Walter");
people.Add("Evelyn");
```

要删除元素，可以调用 Remove( )方法并指定要删除的元素：

```
people.Remove("Joe");
```

以上的介绍都较简单，随着对编程知识了解的加深，读者将会对以上介绍方式不再陌生。集合运算是 HashSet 真正的用武之地，接下来将进一步介绍它。

11.3.2　执行集合运算

集合运算作用于调用的集合对象和传入的集合对象。更具体而言，集合运算根据使用的运算来编辑和修改调用的 HashSet 中的元素。这将在以下代码中更详细地介绍，但首先，应审视一下在编程时最常出现的三种主要集合运算。

在以下定义中，currentSet 指的是调用运算方法的当前 HashSet，而 specifiedSet 指的是传入 HashSet 方法的参数。修改后的 HashSet 始终是当前集合 currentSet：

```
currentSet.Operation(specifiedSet);
```

本节将使用三个主要集合运算：

- UnionWith 将当前集合和指定集合的元素相加。
- IntersectWith 只存储那些同时存在于当前和指定集合中的共同元素。
- ExceptWith 从当前集合中减去与指定集合中相同的元素。

提示：

还有两组处理子集和超集计算的集合运算，但它们针对的特定用例超出本书范围，因此不在此处多做介绍。这些方法的相关信息可访问 https://docs.microsoft.com/en-us/dotnet/api/system.collections.generic. hashset-1? view=netcore-3.1。

假设有两组玩家名称，一组用于活跃玩家，另一组用于非活跃玩家：

```
HashSet<string> activePlayers = new HashSet<string>() { "Harrison",
  "Alex", "Haley"};
HashSet<string> inactivePlayers = new HashSet<string>() { "Kelsey",
  "Basel"};
```

接下来将使用 UnionWith 运算修改一个集合，使其包含两个集合中的所有元素：

```
activePlayers.UnionWith(inactivePlayers);
// activePlayers now stores "Harrison", "Alex", "Haley", "Kelsey",
    "Basel"
```

现在，假设有两种不同的集合，一种用于活跃玩家，另一种用于高级会员：

```
HashSet<string> activePlayers = new HashSet<string>() { "Harrison",
    "Alex", "Haley"};
HashSet<string> premiumPlayers = new HashSet<string>() { "Haley",
    "Basel" };
```

可以使用 IntersectWith 运算来查找那些同时也是高级会员的活跃玩家：

```
activePlayers.IntersectWith(premiumPlayers);
// activePlayers now stores only "Haley"
```

如果想找到所有那些不是高级会员的活跃玩家该怎么办？可以通过调用 ExceptWith 来实现与 IntersectWith 运算相反的事情：

```
HashSet<string> activePlayers = new HashSet<string>() { "Harrison",
    "Alex", "Haley"};
HashSet<string> premiumPlayers = new HashSet<string>() { "Haley",
    "Basel" };

activePlayers.ExceptWith(premiumPlayers);
// activePlayers now stores "Harrison" and "Alex" but removed "Haley"
```

注意：

注意，这里每次运算都使用了两个示例集的全新实例，因为在每次运算执行后都会修改当前集。如果一直使用相同的集合，将得到不同的结果。

现在已经学习了如何使用 HashSet 执行快速的数学集合运算，是时候结束本章并对所学知识汇总和梳理。

11.4 本章小结

恭喜，本书的学习已经快到终点了！在本章中，我们了解了三种新的集合类型，以及如何在不同情况下使用它们。如果想以与添加元素相反的顺序访问集合元素，那么使用栈会非常适合；如果想按顺序访问元素，则队列是最佳选择。同时，无论栈还是队列，两者都很适用于临时存储。这些集合类型与列表或数组之间的重要区别在于如何通过 Pop 和 Seet 操作访问元素。最后，对全能的 HashSet 及其高性能的数学集合运算进行了了解和学习。这对于需要处理唯一值并对大型集合执行求并集、交集或差集的情况很关键。

在第 12 章中，随着越来越接近本书的结束，我们将更深入地了解有关 C# 的中级知识，包括委托、泛型等。但是，所有这些知识都只是更进一步的旅程的开始。

11.5 小测验——中级集合

1. 哪种集合类型使用 LIFO 模型存储其元素？
2. 哪种方法可以查询栈中的下一个元素而不删除它？
3. 栈和队列可以存储空值吗？
4. 如何取两个 HashSet 的差集？

第*12*章

探索泛型、委托等

随着在编程上投入的时间增多，对系统的思考也将加深。迄今为止，我们已经了解了如何构建类与对象交互、通信和数据交换。现在的问题是，如何使它们更安全、更高效。

本章作为本书的最后一个实用章节，将介绍泛型、委托、事件创建以及错误处理等概念和主题。其中任一主题本身都是一个很大的研究领域，因此请利用好在本章学到的知识，并在自己的项目中对其进一步扩充。在完成实际编码后，本章还将简要概述设计模式以及它们将如何在未来的编程之旅中发挥作用。

本章重点：
- 泛型编程
- 使用委托
- 创建事件和订阅
- 抛出和处理错误
- 理解设计模式

12.1　泛型

到目前为止，在所写的代码中，定义和使用的类型都非常具体。但是，在某些情况下，我们需要类或方法以相同的方式处理其实体，不管是什么类型，都要求类型是安全的。泛型编程允许我们使用占位符而不是具体类型来创建可重复使用的类、方法和变量。

当创建泛型类实例或使用泛型方法时，会分配一个具体类型，但代码本身会将其视为泛型类型。我们经常会在自定义集合类型中看到泛型编程，这些类型需要能够对元素执行相同的操作，而不考虑类型。仅看概念可能有些难以理解，但在接下来的示例中会立刻明白这一切的。

注意：

之前我们已经在列表类型中发现，列表类型本身就是一个泛型类型。无论它是存储整数、字符串还是单个字符，我们都可以访问它的所有添加、删除和修改方法。

12.1.1 泛型对象

创建泛型类与创建非泛型类的方式相同，但有一个重要的区别：泛型类使用的是泛型类型的参数。下面讲解一个泛型集合类的示例，以更清楚地了解其工作原理：

```
public class SomeGenericCollection<T> {}
```

上面声明了一个名为 SomeGenericCollection 的泛型集合类，并指定 T 作为其参数类型命名。现在，T 将代表泛型列表中将存储的元素类型，并且可以像任何其他类型一样在泛型类中使用.

每当创建 SomeGenericCollection 的实例时，都需要指定要存储的值的类型：

```
SomeGenericCollection<int> highScores = new SomeGenericCollection<int>
    ();
```

此时，highScores 存储整数值，原来的 T 代表 int 类型，但 SomeGeneric-Collection 类将同等对待任何元素类型。

注意：

对泛型类型参数的命名完全自由，但许多编程语言默认使用大写的 T。如果要以不同方式命名参数类型，请考虑以大写 T 开头，以保持一致性和可读性。

实践——创建一个泛型集合

通过以下步骤创建一个更完整的泛型列表类，用来存储一些虚拟的道具栏中的道具：

(1) 在 **Scripts** 文件夹中创建一个新的 C#脚本，将其命名为 InventoryList，并将其代码更新为以下内容。

```
using System.Collections;
using System.Collections.Generic;
using UnityEngine;

// 1
public class InventoryList<T>
{
    // 2
    public InventoryList()
    {
        Debug.Log("Generic list initalized...");
    }
}
```

(2) 在 GameBehavior 中创建一个 InventoryList 的新实例：

```
public class GameBehavior : MonoBehaviour, IManager
{
    // ... No changes needed ...

    void Start()
    {
    Initialize();

      // 3
      InventoryList<string> inventoryList = new
          InventoryList<string>();
    }

    // ... No changes to Initialize or OnGUI ...
}
```

对上述代码的解析如下。

(1) 使用 T 参数类型声明一个名为 InventoryList 的新泛型类。

(2) 添加一个带有简单调试日志的默认构造函数，以便在创建新的 InventoryList 实例时打印出来。

(3) 在 GameBehavior 中创建 InventoryList 的新实例，以保存字符串值。控制台的输出结果如图 12-1 所示。

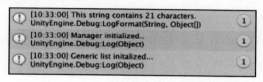

图 12-1

现在的泛型集合还没有任何新功能，但由于其泛型参数类型 T，Visual Studio 将 InventoryList 识别为泛型类。这使 InventoryList 类本身可以包含其他泛型操作。

12.1.2　泛型方法

单独的泛型方法也需要有一个参数类型占位符，就像泛型类一样，以允许根据需要将占位符包含在泛型或非泛型类中：

```
public void GenericMethod<T> (T genericParameter) {}
```

类型 T 可以在方法体内部使用，并在方法调用时具体定义：

```
GenericMethod<string> ("Hello World!");
```

但是，如果要在泛型类中声明泛型方法，则不必指定新的 T 类型：

```
public class SomeGenericCollection<T>
{
    public void NonGenericMethod(T genericParameter) {}
}
```

当使用泛型参数类型调用非泛型方法时，不会有任何问题，因为泛型类已

经为其分配具体类型:

```
SomeGenericCollection<int> highScores = new SomeGenericCollection
                                                     <int> ();
highScores.NonGenericMethod(35);
```

注意:

泛型方法和非泛型方法一样,也可以重载并标记为静态。如果想要
了解应对这种情况的特定语法,可访问 https://docs.microsoft.com/
en-us/dotnet/csharp/programming-guide/generics/generic-methods。

下一个任务是创建一个新的泛型类道具并在 InventoryList 脚本中使用它。

实践——添加一个泛型类道具

由于已经有了一个已定义参数类型的泛型类,因此接下来为其添加一个非
泛型方法,看看它们是如何一起工作的。

(1) 打开 InventoryList 脚本,并更新代码如下。

```
public class InventoryList<T>
{
    // 1
    private T _item;
    public T item
    {
        get { return _item; }
    }

    public InventoryList()
    {
        Debug.Log("Generic list initialized...");
    }

    // 2
    public void SetItem(T newItem)
    {
        // 3
        _item = newItem;
        Debug.Log("New item added...");
```

```
      }
}
```

(2) 打开 GameBehavior 脚本并添加一个道具到 inventoryList：

```
public class GameBehavior : MonoBehaviour, IManager
{
  // ... No changes needed ...

  void Start()
  {
      Initialize();
      InventoryList<string> inventoryList = new
          InventoryList<string>();

      // 4
      inventoryList.SetItem("Potion");
      Debug.Log(inventoryList.item);
  }

  public void Initialize()
  {
    // ... No changes needed ...
  }

  void OnGUI()
  {
    // ... No changes needed ...
  }
}
```

对上述代码的解析如下。

(1) 添加一个公共的 T 类型的属性 item，以及一个具有相同类型的私有支持变量 _item。

(2) 在 InventoryList 中声明一个名为 SetItem 的新方法，该方法接受一个 T 类型参数。

(3) 将 _item 的值设置为传递给 SetItem()方法的泛型参数，并调试输出成功消息。

(4) 使用 SetItem()方法为 InventoryList 的 item 属性赋值，并打印调试日

志，结果如图 12-2 所示。

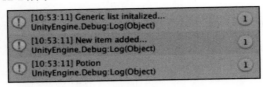

图 12-2

我们编写了 SetItem( )方法来接受创建 InventoryList 泛型类时可使用的任何类型的参数，并使用公共和私有支持方法将其赋值给新的类属性。由于创建了 inventoryList 来保存字符串值，因此可以毫无顾虑地将"Potion"字符串赋值给 item 属性。同样，此方法也适用于 InventoryList 实例可能包含的其他任何类型。

12.1.3　约束类型参数

泛型的一大优点是可以限制其参数类型。这似乎与迄今为止学到的有关泛型的知识相悖，但仅因为一个类可以包含任何类型，并不意味着就应该这样做。

为了约束泛型的参数类型，需要一个新的关键字和一个以前从未见过的语法：

```
public class SomeGenericCollection<T> where T: ConstraintType {}
```

where 关键字定义了 T 在用作泛型参数类型之前必须满足的规则和约束。从本质上说，只要符合约束类型，SomeGenericCollection 就可以接受任何 T 类型。约束规则并不神秘可怕，在先前已经讨论过有关它们的概念：

- 添加 class 关键字，会将 T 限制为类的类型。
- 添加 struct 关键字，会将 T 限制为结构体的类型。
- 添加一个接口，例如 IManager，会将 T 限制为采用该接口的类型。
- 添加自定义类(例如 Character)会将 T 限制为该类类型。

注意：

如果需要更灵活的方法来说明具有子类的类，可以使用 where T : U，指定泛型 T 类型必须属于或继承 U 类型。这对于我们目前的需求有一点超前，想要了解详情可访问 https://docs.microsoft.com/en-us/dotnet/csharp/programming-guide/generics/constraints-on-type-parameters。

实践——限制泛型元素

下面将 InventoryList 限制为只能接受类的类型。

(1) 打开 InventoryList 并添加以下代码。

```
// 1
public class InventoryList<T> where T: class
{
    // ... No changes needed ...
}
```

由于 inventoryList 实例在示例中使用的是字符串，而字符串也是一个类，所以代码没有出现问题。但是，如果将类型约束更改为结构体或接口的名称，该泛型类将抛出错误提示。当需要保护泛型类或方法不支持某些特定类型时，这便非常有用。

12.2 委托行为

有时需要传递或委托方法的实际执行。在 C#中，这可以通过委托类型来实现。委托类型存储对方法的引用，并且可以像任何其他变量一样使用。唯一需要注意的是，委托本身和被分配的方法都需要具有相同的签名，就像整数变量只能保存整数，而字符串只能保存文本一样。

12.2.1 基本语法

创建委托的语法混合了编写方法和声明变量：

```
public delegate returnType DelegateName(int param1, string param2);
```

从访问修饰符开始，后跟 delegate 关键字，这样的声明语句可以使编译器将它识别为委托类型。委托类型可以像常规方法那样具有返回类型和名称，以及可能需要的参数。但是，此语法仅声明委托类型本身。若要使用委托，需要像使用类一样创建一个实例：

```
public DelegateName someDelegate;
```

声明委托类型变量后，便很容易分配一个与委托签名相匹配的方法：

```
public DelegateName someDelegate = MatchingMethod;

public void MatchingMethod(int param1, string param2)
{
    // ... Executing code here ...
}
```

注意，在将 MatchingMethod( )方法分配给 someDelegate 变量时，不需要在方法名后加括号，因为此时不会调用该方法，只是将 MatchingMethod( )方法的调用权委托给 someDelegate。这意味着可以使用如下方式调用函数：

```
someDelegate();
```

就我们目前的 C#技能水平而言，这也许看起来很复杂，但可以肯定的是，将方法作为变量存储起来并执行会在未来派上用场。

实践——创建调试委托

创建一个简单的委托类型来定义一个方法，该方法接受一个字符串并最终使用指定的方法将其打印出来。

(1) 打开 GameBehavior 脚本，添加如下代码。

```
public class GameBehavior : MonoBehaviour, IManager
{
    // ... No other changes needed ...

    // 1
    public delegate void DebugDelegate(string newText);
```

```
// 2
public DebugDelegate debug = Print;

// ... No other changes needed ...

void Start()
{
    // ... No changes needed ...
}
public void Initialize()
{
    _state = "Manager initialized..";
    _state.FancyDebug();

    // 3
    debug(_state);
}

// 4
public static void Print(string newText)
{
    Debug.Log(newText);
}

void OnGUI()
{
    // ... No changes needed ...
}
}
```

对上述代码的解析如下。

(1) 声明一个名为 DebugDelegate 的公共委托类型，来保存一个接受字符串参数并返回 void 的方法。

(2) 创建一个名为 debug 的新 DebugDelegate 实例，并为其分配一个签名匹配且名为 Print 的方法。

(3) 将 Initialize( )方法中的 Debug.Log(_state)代码替换为调用 debug 这个委托实例。

(4) 声明一个为接受字符串参数的静态 Print( )方法，它将接受的参数输出到控制台,结果如图 12-3 所示。

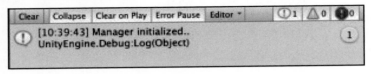

图 12-3

控制台信息没有发生任何改变,但此时不是在 Initialize( )中直接调用 Debug.Log( )方法,而是将该操作委托给 debug 这个委托实例。尽管这只是一个简单的示例,但当需要将方法作为其类型进行存储、传递和执行时,委托是一个强大的工具。此前,已经通过 OnCollisionEnter()和 OnCollisionExit( )方法在实战中体验过委托的能力,它们都是通过委托调用的 Unity 方法。

12.2.2 将委托作为参数类型

既然已经了解了如何创建用于存储方法的委托类型,那么将委托类型本身也用作方法参数似乎也合情合理。这与前面所介绍的内容区别不大,但最好还是从最基本的内容开始。

实践——使用委托参数

一起来看看如何将委托类型用作方法参数。

(1) 使用以下代码更新 GameBehavior 脚本。

```
public class GameBehavior : MonoBehaviour, IManager
{
  // ... No changes needed ...

  void Start()
  {
      // ... No changes needed ...
  }

  public void Initialize()
  {
      _state = "Manager initialized..";
```

```
        _state.FancyDebug();

        debug(_state);

        // 1
        LogWithDelegate(debug);
    }

public static void Print(string newText)
{
    // ... No changes needed ...
}

// 2
public void LogWithDelegate(DebugDelegate del)
{
    // 3
    del("Delegating the debug task...");
}

void OnGUI()
{

    // ... No changes needed ...
}
}
```

对上述代码的解析如下。

(1) 调用 LogWithDelegate( )方法并传入 debug 变量，将方法作为它的类型参数。

(2) 声明一个接受 DebugDelegate 类型参数的新方法。

(3) 调用委托参数的函数并传入要打印的字符串文字。输出结果如图 12-4 所示。

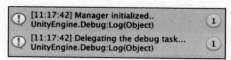

图 12-4

上面创建了一个方法，它接受一个 DebugDelegate 类型的参数，这意味着传入的实际参数可以被当作方法来对待。将此示例视为一个委托链，其中 LogWithDelegate( )距离实际执行调试的 Print( )方法有两级之遥。

提示：
只要有一步没有想明白，就无法充分理解委托。如果遇到困难，请随时回顾并重温本节开头的代码, 并查看文档: https://docs.microsoft.com/en-us/dotnet/csharp/programming-guide/delegates/。

基本掌握了如何使用委托后，可以开始讨论事件，以及如何使用事件在众多脚本之间更有效地交流信息了。

12.3　触发事件

C#事件允许基于游戏或应用程序的行为创建订阅系统。例如，可以在收集道具时，或当玩家按下空格键时发送一个事件。但当事件触发后，系统并不会自动拥有用于在事件行为发生后执行所需代码的订阅者或接收者。

任何类都可以通过触发事件的调用类来订阅或取消订阅某个事件，就像注册了 Facebook 账户以后，就能够在手机上接收新帖子通知一样。事件形成了一条分布式信息的高速公路，让应用程序间可以共享操作和数据。

12.3.1　基本语法

声明事件与声明委托类似，因为事件都具有特定的方法签名。可以使用委托来指定事件的方法签名，然后使用 delegate 类型和 event 关键字创建事件：

```
public delegate void EventDelegate(int param1, string param2);
public event EventDelegate eventInstance;
```

这种设置允许将 eventInstance 视为一个方法，因为它是一种委托类型，意味着可以随时通过调用它来触发事件：

```
eventInstance(35, "John Doe");
```

接下来一起创建一个事件，并在 PlayerBehavior 中适当的位置触发它。

实践——创建一个事件

创建一个事件并在玩家跳跃时触发。

打开 PlayerBehavior 脚本并增添以下代码。

```
public class PlayerBehavior : MonoBehaviour
{
  // ... No other variable changes needed ...

  // 1
  public delegate void JumpingEvent();

  // 2
  public event JumpingEvent playerJump;

  void Start()
  {
      // ... No changes needed ...
  }

  void Update()
  {
      _vInput = Input.GetAxis("Vertical") * moveSpeed;
      _hInput = Input.GetAxis("Horizontal") * rotateSpeed;
  }

  void FixedUpdate()
  {
      if(IsGrounded() && Input.GetKeyDown(KeyCode.Space))
      {
          _rb.AddForce(Vector3.up * jumpVelocity,
          ForceMode.Impulse);

          // 3
           playerJump();
      }
  }
```

```
    // ... No changes needed in IsGrounded or OnCollisionEnter
}
```

对上述代码的解析如下。

(1) 声明一个新的委托类型，返回 void 且不接受任何参数。

(2) 创建一个名为 playerJump 的 JumpingEvent 类型的事件，将其视为匹配委托签名的无返回值和参数的方法。

(3) 当在 Update( )中施加外力后，调用 playerJump。

至此，已成功地创建了一个简单的委托类型，它不接受任何参数并且不返回任何内容，仅在玩家跳跃时执行该类型的事件。每次玩家跳跃，playerJump 事件都会发送给它的所有订阅者，通知它们跳跃动作已发生。

事件触发后，由其订阅者处理并执行其他任何操作，接下来将在处理事件订阅部分进行介绍。

12.3.2　处理事件订阅

目前，playerJump 事件没有订阅者，但订阅者很容易添加，与在上一节中为委托类型分配方法引用的方式非常相似：

```
someClass.eventInstance += EventHandler;
```

由于事件是属于声明它们的类的变量，而订阅者是其他类，因此订阅者需要引用包含事件的类。+=运算符用于分配方法，该方法将在事件执行时触发，就像设置自动回复信息一样。与分配委托一样，事件处理方法的方法签名必须与事件类型相匹配。在前面的语法示例中，EventHandler 需要满足如下形式：

```
public void EventHandler(int param1, string param2) {}
```

在需要取消订阅事件时，只需要使用-=运算符执行相反的操作：

```
someClass.eventInstance -= EventHandler;
```

提示：
一般在类被初始化或销毁时处理事件订阅，从而可以轻松地实现和
管理多个事件，并避免代码变得杂乱。

了解了订阅和取消订阅事件的语法，就可以在 GameBehavior 脚本中将其
付诸实践了。

实践——订阅事件

现在当玩家每次跳跃时都会触发事件，需要一种方法来捕获该动作。
打开 GameBehavior 脚本并更新以下代码。

```
public class GameBehavior : MonoBehaviour, IManager
{
    // ... No changes needed ...

    void Start()
    {
        // ... No changes needed ...
    }

    public void Initialize()
    {
        _state = "Manager initialized..";
        _state.FancyDebug();

        debug(_state);
        LogWithDelegate(debug);

        // 1
        GameObject player = GameObject.Find("Player");

        // 2
        PlayerBehavior playerBehavior =
        player.GetComponent<PlayerBehavior>();

        // 3
        playerBehavior.playerJump += HandlePlayerJump;
    }
```

```
// 4
public void HandlePlayerJump()
{
     debug("Player has jumped...");
}

// ... No changes in Print,
     LogWithDelegate, or
     OnGUI ...
}
```

对上述代码的解析如下。

(1) 在场景中找到 Player 对象并将其 GameObject 存储在局部变量中。

(2) 使用 GetComponent( )检索对附加到 Player 的 PlayerBehavior 类的引用,并将其存储在局部变量中。

(3) 使用名为 HandlePlayerJump 的方法订阅 PlayerBehavior 脚本中声明的 playerJump 事件。

(4) 使用签名声明与事件类型匹配的 HandlePlayerJump( )方法,并在每次收到事件时使用调试委托输出成功消息,如图 12-5 所示。

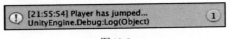

图 12-5

为了在 GameBehavior 中正确订阅和接收事件,必须获取对附加到 Player 的 PlayerBehavior 类的引用。这里只使用一行代码就完成了这一系列任务,但也可以将代码拆分开写,且可读性更强。接着为 playerJump 事件分配了一个方法,该方法将在接收到事件时执行,从而完成订阅过程。由于 Player 对象从未被销毁,因此无须取消订阅 playerJump,但在需要时,不要忘记该步骤。

对事件的介绍到此为止,但仍有一个任何程序都无法脱离的重要话题有待学习,那就是错误处理。

12.4　处理异常

能够将错误和异常有效地整合到代码中既是编程专业能力的体现，也是对自我的衡量标准。在震惊于"花了这么多时间试图避免错误，为什么还要添加它们？！"之前，首先应该明白，这里并不是说添加错误来破坏现有的代码。恰恰相反，向代码中添加错误或异常是为了能够在功能使用不当时适当处理它们，从而使代码底层更强壮且更不容易崩溃。

12.4.1　抛出异常

当谈论添加错误时，通常将这个过程形象地称为抛出异常。抛出异常是所谓的防御性编程的一部分，它本质上意味着主动并有意识地防止代码中的不当操作或计划外操作。为了标记这些情况，需要从方法中抛出一个异常，然后由调用代码处理该异常。

举个例子，假设有一个 if 语句，用于在玩家注册之前检查玩家的电子邮件地址是否有效。如果输入的电子邮件无效，希望代码能抛出异常：

```
public void ValidateEmail(string email)
{
    if(!email.Contains("@"))
    {
        throw new System.ArgumentException("Email is invalid");
    }
}
```

使用 throw 关键字抛出异常，该异常是使用 new 关键字创建的，后跟指定的异常。System.ArgumentException( )将默认记录下异常执行的位置和时间信息，但若需要更具体的信息，它也可以接受自定义字符串。

ArgumentException 是 Exception 类的子类，可通过前面显示的 System 类访问。C#有许多内置的异常类型，本书不会深入探究这些类型，因为一旦了解了整个系统的基础知识，便可以很容易做到这一点。

注意:
有关 C#异常的完整列表，可访问 https://docs.microsoft.com/en-us/dotnet/
api/system.exception?view=netframework-4.7.2#Standard。

实践——检查负数场景索引

下面通过简单判断，确保关卡只有在提供的场景索引为正数时，才会重新
启动。

(1) 打开 Utilities 脚本，并将以下代码添加到 RestartLevel( )方法的重载版
本中。

```
public static class Utilities
{
    public static int playerDeaths = 0;

    public static string UpdateDeathCount(out int countReference)
    {
        // ... No changes needed ...
    }

    public static void RestartLevel()
    {
        // ... No changes needed ...
    }

    public static bool RestartLevel(int sceneIndex)
    {
        // 1
        if(sceneIndex < 0)
        {
            // 2
            throw new System.ArgumentException("Scene index cannot
                be negative");
        }

        SceneManager.LoadScene(sceneIndex);
        Time.timeScale = 1.0f;
```

```
        return true;
    }
}
```

(2) 将 GameBehavior 脚本的 OnGUI( )方法中的 RestartLevel( )方法更改为，当场景索引为负数时游戏失败。

```
if(showLossScreen)
{
    if (GUI.Button(new Rect(Screen.width / 2 - 100,
     Screen.height / 2 - 50, 200, 100), "You lose..."))
    {
        // 3
        Utilities.RestartLevel(-1);
    }
}
```

对上述代码的解析如下。

(1) 声明一个 if 语句来检查 sceneIndex 是否小于 0 或为负数。

(2) 如果作为参数传入的场景索引为负，则抛出带有自定义消息的 ArgumentException 异常。

(3) 使用场景索引 - 1，调用 RestartLevel( )。控制台的输出结果如图 12-6 所示：

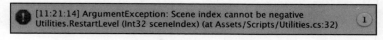

图 12-6

现在，当游戏失败时，会调用 RestartLevel( )方法，但由于使用 - 1 作为场景索引参数，因此在执行场景管理器逻辑之前会触发异常。这将使游戏终止，因为此时没有任何按钮提供其他选项。但保护措施按预期执行，避免了那些可能导致游戏崩溃的操作(Unity 加载场景时不支持负索引)。

现在已成功抛出错误，但还需要知道如何处理错误。可以使用下一节将介绍的 try-catch 语句。

12.4.2　使用 try-catch

既然已经抛出了一个错误，那么接下来的工作就是安全地处理调用 RestartLevel( )时可能产生的后果。这里，可以使用一种新的语句，称为 try-catch。

```
try
{
    // Call a method that might throw an exception
}
catch (ExceptionType localVariable)
{
    // Catch all exception cases individually
}
```

try-catch 语句由在不同条件下执行的连续代码块组成，类似一种特定的 if/else 语句。在 try 语句块中调用任何可能抛出异常的方法，如果没有抛出异常，代码将继续执行而不会中断。如果抛出异常，代码会跳转到与抛出的异常相匹配的 catch 语句，就像在 switch 语句中处理 case 的情况一样。catch 语句需要定义它们将要接纳的异常，并在 catch 语句块内指定一个代表该异常的局部变量名称。

注意:

可以在 try 语句块之后链接尽可能多的 catch 语句，以便处理单个方法可能抛出的多个异常。

另外，还可以选择在任意 catch 语句之后声明一个 finally 块。无论是否抛出异常，它都会在 try-catch 语句的最后执行:

```
finally
{
    // Executes at the end of the try-catch no matter what
}
```

接下来的任务是使用 try-catch 语句处理由关卡重启失败引发的错误。

实践——捕获重启错误

现在有一个在游戏失败时抛出的异常，接下来将安全地处理它。

使用以下代码更新 GameBehavior 脚本，并再次输掉游戏：

```
public class GameBehavior : MonoBehaviour, IManager
{
  // ... No variable changes needed ...

  // ... No changes needed in Start
        Initialize,
        Print,
        or LogWithDelegate ...
  void OnGUI()
  {
    // ... No other changes to OnGUI needed ...

    if(showLossScreen)
    {
      if (GUI.Button(new Rect(Screen.width / 2 - 100,
        Screen.height / 2 - 50, 200, 100), "You lose..."))
      {
        // 1
        try
        {
            Utilities.RestartLevel(-1);
            debug("Level restarted successfully...");
        }
        // 2
        catch (System.ArgumentException e)
        {
            // 3
            Utilities.RestartLevel(0);
            debug("Reverting to scene 0: " +
                e.ToString());
        }
        // 4
        finally
        {
            debug("Restart handled...");
```

```
            }
          }
        }
      }
    }
```

对上述代码的解析如下。

(1) 声明 try 语句块，并将 RestartLevel( )调用移动到其内部。当重启完成，且没有任何异常时，使用调试命令打印输出结果。

(2) 声明 catch 语句块，并将需要处理的异常类型定义为 System.Argument-Exception，同时将 e 作为局部变量名称。

(3) 如果抛出异常，则以默认场景索引重新启动游戏。

(4) 使用调试委托打印出自定义消息，以及异常信息。异常信息可以使用 ToString( )方法将 e 转换为字符串来获取。

提示:

由于 e 属于 ArgumentException 类型，因此可以访问多个与 Exception 类关联的属性和方法。当需要特定异常的详细信息时，这通常很有用。

(5) 添加带有调试消息的 finally 语句块，以表示异常处理代码的结束。调试输出信息如图 12-7 所示。

```
① [19:07:26] Reverting to scene 0: System.ArgumentException: Scene index cannot be negative
  at Utilities.RestartLevel (Int32 sceneIndex) [0x0000e] in /Users/harrisonferrone/Documents/Gi
① [19:07:26] Restart handled...
  UnityEngine.Debug:Log(Object)
```

图 12-7

现在，当 RestartLevel( )方法被调用时，try 语句块能够安全地使调用操作执行下去。如果抛出错误，它会在 catch 语句块内被捕获。catch 语句块会以默认场景索引重新启动关卡，且代码将继续执行 finally 语句块，并简单地打印输出一条消息。

提示:

了解如何处理异常很重要,但不应该养成在代码中随意使用的恶习,那将导致类变得臃肿并可能影响游戏的处理时间。相反,应该在最需要的地方有针对性地使用异常,即针对数据失效或数据处理使用异常,而不是针对游戏机制。

注意:

C#允许自由创建异常类型以满足任何特定需求,这超出了本书的讨论范围,但在未来可能会用到它,相关详情可访问 https://docs.microsoft.com/en-us/dotnet/standard/exceptions/how-to-createuser-defined-exceptions。

在结束本章之前,还需要了解一个主题:设计模式。虽然本书不会深入研究这些模式的实际代码(相关的书籍有很多),但将在下一节介绍它们在编程中的用途和可用性。

12.5 设计模式入门

在结束本章之前,还需要讨论一个将在编程生涯中发挥重要作用的概念:设计模式。用谷歌搜索设计模式(design pattern)或软件编程模式(softuare programming pattern)将获得大量的定义和示例。如果以前从未接触过设计模式,这些定义和示例可能会让人不知所措。让我们将术语简化,并将设计模式定义如下:

用于解决在任何类型的应用程序开发过程中经常遇到的编程问题的模板。它不是硬编码的解决方案,更像是经过测试的指南和最佳实践,可以根据特定情况灵活应用。

在设计模式成为编程术语的背后有很多历史故事,如果有兴趣读者可以自行挖掘探索这些故事。建议首先学习 *Design Patterns: Elements of Reusable Object-Oriented Software*,作者是 Gang of Four。

提示:
这里所讨论的设计模式仅适用于面向对象编程(OOP)语言和范式，因此如果在非 OOP 环境中工作，它们并不是普遍适用的。

常见的游戏模式

记录在案的设计模式超过 35 种，它们被分为 4 个子功能域，但其中只有少数特别适合游戏开发。这里将花一点时间简要介绍它们。

- 单例模式。这种模式能确保给定的类在程序中只有一个实例，并只与一个全局访问点配对，对于游戏管理器类非常有用。
- 观察者模式。这种模式为通知系统制定了蓝图，可通过事件提醒订阅者行为的变化。之前已经通过委托/事件的示例，在较小的范围内对通知系统进行了应用，但它可以扩展到更多领域。
- 状态模式。该模式允许一个对象根据它所处的状态改变它的行为。这对于创建能根据玩家动作或环境条件改变策略的敌人非常有用。
- 对象池模式。该模式可回收并再利用不再使用的对象，而不必让程序每次都创建新对象。这将是对 Hero Born 中射击机制的重大更新，因为如果在性能较差的机器上创建过多子弹，可能会造成延迟。

如果仍然不确定设计模式的重要性，只需要铭记 Unity 是按照复合模式(有时称为组件模式)构建的，这种模式允许开发者构建由独立功能模块组合而成的复杂对象。

提示:
前文仅刚刚触碰设计模式应用于实际编程情况的表面。因此强烈建议读者在完成下一章后立即深入研究设计模式的历史和应用，在日后这将成为最宝贵的资产。

12.6　本章小结

尽管到本章就结束了我们对 C#和 Unity 2020 的探索，但这只是游戏编程和软件开发之旅的开始。随着本书的逐步深入，我们已经学会了从创建变量、方法和构建类对象到编写游戏机制、敌人行为等内容。

的确，本章中讨论的主题比本书的其他大部分内容高出一个级别。在编程中，大脑就像一块肌肉，需要反复锻炼才能再上一个高度。因此，泛型、事件和设计模式的相关内容就是通往更高级编程的阶梯。

第 13 章将提供有关 Unity 社区和整个软件开发行业的资源、进阶的阅读资料以及许多其他有用的机会和信息。

祝你编程愉快！

12.7　小测验——中级 C#

1. 泛型和非泛型类有什么区别？
2. 为委托类型赋值时需要匹配什么？
3. 如何取消订阅事件？
4. 应使用什么 C#关键字在代码中发送异常？

第 *13* 章
旅程继续

如果是作为编程新手开始学习本书的读者，那么恭喜你取得了成功！如果是刚开始对 Unity 或其他脚本语言有所了解的读者，那么也同样恭喜你！如果前面介绍的所有主题和概念已经牢牢记忆在脑海中，那更要恭喜你！无论收获内容的多少，学习经历都至关重要。

随着旅程到达终点，有必要回顾一下在此过程中获得的技能。与学习其他东西一样，总有更多内容需要学习和探索，因此本章将重点巩固以下主题以便为下一段旅程提供帮助和资源：

- 编程基础
- 将 C#付诸实践
- 面向对象编程及其他
- 走进 Unity 项目
- Unity 认证
- 进一步学习

13.1 有待深入的基础知识

虽然本书对变量、类型、方法和类做了详细的介绍，但仍有一些 C#中的领域没有被提及。学习一项新技能不应该是没有前后关联的信息轰炸，而应该是循序渐进的，每个新知识点都建立在已经获得的基础知识上。

以下是在 C#编程的进阶成长过程中需要掌握的一些概念，即使不使用 Unity，也应对这些概念有所了解：

- 可选变量和动态变量
- 调试方法
- 并发编程
- 网络和 RESTful API
- 递归和反射
- LINQ 表达式
- 设计模式

当重温本书中的代码时，不仅应思考当前完成了什么，还要思考项目的不同部分是如何协同工作的。本书的代码是模块化的，这意味着行为和逻辑是独立的。这使得代码更灵活，易于改进和更新，同时也很整洁，任何人(也包括我们自己)都能读懂它。

要理解和消化基本概念需要时间。有些事往往不能在第一次尝试时就可以落实，也并不总是能有恍然大悟的机会。关键是要不断学习新事物，同时也要重视基础知识。

有了这些建议，在下一节中将重新审视面向对象编程的原则。

13.2　牢记面向对象编程

面向对象编程是一个广阔的专业领域，掌握它不仅需要学习，还需要花时间将其原理应用到实际的软件开发中。即便结合本书中学到的所有基础知识，面向对象编程仍会像一座无法轻易攀登的高山。每当有这种感受时，请回退一步，重温以下概念。

- 类是在代码中希望创建的对象的蓝图：
  - 类可以包含属性、方法和事件。
  - 类使用构造函数来定义它们的实例化方式。
  - 根据类的蓝图实例化对象会创建该类的唯一实例。

- 类是引用类型，而结构体是值类型。
- 类可以使用继承与子类共享公共行为和数据。
- 类使用访问修饰符来封装它们的数据和行为。
- 类可以由其他类或结构体组成。
- 多态性将允许子类与其父类被同等对待。
    - 多态性还允许在不影响父类的情况下，改变子类的行为。

13.3　了解 Unity 项目

尽管 Unity 是一个 3D 游戏引擎，但它仍必须遵循其构建代码所设定的规则。对于游戏来说，在屏幕上看到的 GameObject、组件和系统只是类和数据的可视化表示，它们并不神奇或未知，它们只是将在本书中所学的基础编程知识推向高级结论的成果。

Unity 中的一切都是对象，但这并不意味着所有 C#类都必须在引擎的 MonoBehavior 框架内工作。不要让思维局限于思考游戏机制，应根据项目需要定义数据或行为。

最后，应时常思考如何才能更好地将代码分离为功能模块，而不是创建庞大、臃肿、成千上万行的类。相关的代码应该对其行为负责并存放在一起，这意味着应创建单独的 MonoBehavior 类并将它们附加到受它们影响的 GameObject 上。这里再重温一遍在本书开头提及的想法：编程不是对语法的记忆，而更像是一种思维方式和上下文框架。请继续训练你的思维，以便能够像程序员一样思考。请放心，这对你的世界观不会有任何影响。

本书未提及的 Unity 特性

第 6 章"亲手实践 Unity"简要介绍了 Unity 的许多核心功能，但作为一个引擎，Unity 还提供了很多其他特性。这些主题从重要性的角度来看没有特定的排序，但如果要继续从事 Unity 开发，至少还应对以下内容有一定的了解。

- 着色器和特效

- 可脚本化对象
- 编写扩展编辑器
- 非编程 UI
- ProBuilder 和地形工具
- PlayerPrefs 和存储数据
- 模型的骨骼绑定
- 动画状态机和转换

此外，还应深入了解编辑器中的光照、智能巡航、粒子特效和动画功能。

13.4　进一步学习

既然已具备 C#语言的基本读写能力，接下来就可以准备学习其他技能和语法。常见的渠道有在线社区、教程网站和 YouTube 视频等，当然也可以阅读教科书，比如本书。从读者转变为软件开发社区的活跃成员的路上可能会遇到一些困难，尤其是在有大量选项而不知如何抉择的情况下，因此下面列出了一些有助于入门的 C#和 Unity 资源。

13.4.1　C#资源

当用 C#开发游戏或应用程序时，随时查看微软技术文档是个好习惯。如果找不到特定问题的答案，可以尝试在以下社区网站进行查询：

- C# Corner：https://www.c-sharpcorner.com
- Dot Net Pearls：http://www.dotnetperls.com
- StackOverflow：https://stackoverflow.com

由于游戏开发中大部分 C#问题都与 Unity 相关，因此建议也关注下一节中介绍的资源。

13.4.2　Unity 资源

最好的视频教程、文章、免费资产和技术文档等 Unity 学习资源都可以从 Unity 官方网站 https://unity3d.com 获取。但是，如果想要寻找社区答案或某一编程问题的特定解决方案的话，可以访问以下站点：

- Unity Learn: https://learn.unity.com
- Unity Answers: https://answers.unity.com
- Stack Overflow: https://stackoverflow.com
- Unify Community wiki: http://wiki.unity3d.com/index.php
- Unity Gems: http://unitygems.com

如果想要加快学习速度，YouTube 上也有一个庞大的视频教程社区，以下是推荐的前五名：

- Brackeys: https://www.youtube.com/user/Brackeys
- quill18creates: https://www.youtube.com/user/quill18creates
- Sykoo: https://www.youtube.com/user/SykooTV/videos
- Renaissance Coders: https://www.youtube.com/channel/UCkUIsk38aDaIm-Zq2Fgsyjw
- BurgZerg Arcade: https://www.youtube.com/user/BurgZergArcade

Packt 库中还有大量关于 Unity、游戏开发、C#的书籍和视频，可通过访问 https://search.packtpub.com/?query=Unity 获得。

13.4.3　Unity 认证

Unity 为程序员和美工提供了各种级别的认证，这将为求职简历提供一定的可信度和技能经验评分。如果你想以自学或非计算机科学专业的身份进入游戏行业，以下几种认证都将起到一定的作用：

- Certified Associate(认证游戏开发初级工程师)
- Certified User: Programmer(认证开发用户)
- Certified Programmer(认证游戏开发工程师)
- Certified Artist(认证美术师)

- Certified Expert － Gameplay Programmer(认证高级游戏开发工程师)
- Certified Expert － Technical Artist: Rigging and Animation(认证高级骨骼绑定和动画技术美术师)
- Certified Expert － Technical Artist: Shading and Effects(认证高级阴影和特效技术美术师)

注意:

Unity 还通过官方和第三方提供商提供了预备课程，帮助学习者准备各种认证考试。相关信息可访问 https://certification.unity.com。

认证只是求职路上的一种助力，永远不要使用认证资质来衡量工作能力和作品的水平。最后一个勇者试炼是加入开发社区并留下印记。

勇者的试炼——向全世界展示

作为在本书中接受的最后一项任务，这也可能是最难的，却也是最有价值的。这项任务要求利用现有的 C#和 Unity 知识，创建一些东西并发布到软件或游戏开发社区中。无论是小型的游戏测试原型还是完整的手机游戏，都可以通过以下方式上传代码:

- 加入 GitHub (https://github.com)。
- 贡献到 Unity 社区百科。
- 积极参与 Stack Overflow 和 Unity Answers。
- 注册并在 Unity Asset Store 上发布自定义资产(https://assetstore. unity.com)。

任何令你激情澎湃的项目，都可以将其分享给全世界。

13.5　本章小结

本书即将告一段落，但如果你认为这标志着编程之旅的结束，那就大错特错了。学习没有终点，只有开始。本书中，我们一起了解了构建编程的基石、C#语言的基础知识，以及如何将这些知识转化为 Unity 中有意义的行为。既然已经阅读到尾声，相信我们已经实现了这些目标。

　　还有一句重要的忠告："如果你说你是一名程序员,那么你就是一名程序员"。也许社区中会有很多人说你只是一个业余爱好者,只因你缺乏被认为是"真正的"程序员所必需的经验,或缺少某种无形的专业认同,这都是错误的。如果你经常练习像一个程序员一样思考,以使用高效、整洁的代码解决问题作为目标,并喜欢学习新事物,那么你就是一名合格的程序员。坚信你作为程序员的身份,这会让你的旅程一帆风顺。